EXERCICES ET PROBLÈMES

DE

TRIGONOMÉTRIE

RECTILIGNE

Par F. J.-O. P.

CHEZ LES ÉDITEURS

TOURS	PARIS
ALFRED MAME & FILS	POUSSIELGUE FRÈRES
Imprimeurs-Libraires	Rue Cassette, 27

EXERCICES ET PROBLÈMES

DE

TRIGONOMÉTRIE

Le Cours élémentaire de Mathématiques comprend les ouvrages
suivants :

Éléments d'Arithmétique.
—   d'Algèbre.
—   de Géométrie.
—   de Trigonométrie.
—   d'Arpentage et de Nivellement.
—   de Géométrie descriptive.

COURS ÉLÉMENTAIRE DE MATHÉMATIQUES

EXERCICES ET PROBLÈMES

DE

TRIGONOMÉTRIE

RECTILIGNE

Par F. J.-O. P.

CHEZ LES ÉDITEURS

TOURS   PARIS

ALFRED MAME & FILS   POUSSIELGUE FRÈRES
Imprimeurs-Libraires   Rue Cassette, 27

1875

TABLE DES MATIÈRES

AVERTISSEMENT

La pensée qui a présidé à la composition de ce *Recueil d'Exercices*, a été de fournir aux maîtres de nombreux matériaux, à l'aide desquels ils pourront, selon qu'ils le jugeront utile, exercer les élèves aux calculs trigonométriques. Les problèmes qui réclament l'emploi des tables sont, en général, assez laborieux ; aussi est-il à propos de n'en faire résoudre qu'un certain nombre, convenablement choisis, afin de ne pas consacrer à ce genre de travail un temps exagéré. Les questions les plus importantes ou les plus difficiles sont reproduites deux ou trois fois, avec des données numériques différentes ; si les élèves les réussissent une première fois, il faudra passer outre ; dans le cas contraire, le maître aura le moyen de les faire recommencer avec d'autres conditions.

Les exercices des deux premiers chapitres ont pour but principal de familiariser avec les formules de la Trigonométrie ; or ce but peut être atteint par d'autres voies : on pourra donc, dans certains cas, commencer aux exercices du chapitre III, page 9, ou se borner à demander les solutions des premières questions, sans exiger le calcul complet.

Les exercices du chapitre III sont de la plus grande importance pour initier à l'usage des tables, ou pour faire acquérir l'habitude des opérations. Il serait préférable d'en augmenter le nombre plutôt que de le diminuer.

Il convient aussi de faire traiter complétement les exercices du chapitre IV; toutefois, dans bien des circonstances, on pourra se contenter d'un nombre plus ou moins restreint.

Quant aux autres problèmes, si les élèves sont déjà assez exercés, il suffira de leur en demander les solutions et de réserver le détail des calculs pour les compositions ou pour les devoirs. Parmi ces derniers problèmes, les plus importants et les plus utiles sont ceux du § III, depuis le problème 265 jusqu'à la fin. On ne saurait trop les recommander à l'attention des élèves qui se préparent à subir des examens.

EXERCICES ET PROBLÈMES

DE

TRIGONOMÉTRIE

EXERCICES DES CHAPITRES I ET II

---

1. *Ramener au premier quadrant les arcs suivants :*
1° $\sin 105°\ 45'\ 4''$. — 2° $\sin 124°\ 3'\ 12''$. — 3° $\sin 223°\ 32'\ 21''$.
— 4° $\sin 1413°\ 18'\ 43''$.

$\quad$ 1°$\quad \sin 105°\ 45'\ 4'' = \sin (180° - 105°\ 45'\ 4'')$.
$\qquad\qquad$ Rép. $\quad \sin 74°\ 14'\ 56''$.

$\quad$ 2°$\quad \sin 124°\ 3'\ 12'' = \sin (180° - 124°\ 3'\ 12'')$.
$\qquad\qquad$ Rép. $\quad \sin 55°\ 56'\ 48''$.

$\quad$ 3°$\quad \sin 223°\ 32'\ 21'' = -\sin (223°\ 32'\ 21'' - 180°)$.
$\qquad\qquad$ Rép. $-\ \sin 43°\ 32'\ 21''$.

4° $1413° = 3$ circonférences $+ 333°$, donc $\sin 1413° = \sin 333°$;
or $\sin 333°\ 18'\ 43'' = -\sin (360° - 333°\ 18'\ 44'')$.
$\qquad\qquad$ Rép. $-\ \sin 26°\ 41'\ 17''$.

2. *Le sinus d'un arc moindre que 90° vaut 0,5314 ; calculer les valeurs des autres lignes trigonométriques de cet arc.*

De la formule $\sin^2 a + \cos^2 a = 1$ on tire : $\cos a = 0{,}847\,12$.

$tg\ a = \dfrac{\sin a}{\cos a},\quad$ donc. . . . . . . $\quad tg\ a = 0{,}627\,30$.

$cotg\ a = \dfrac{1}{tg\ a},\quad$ donc. . . . . . . $\quad cotg\ a = 1{,}594\,14$.

$séc\ a = \dfrac{1}{\cos a},\quad$ donc. . . . . . . $\quad séc\ a = 1{,}8047$.

$coséc\ a = \dfrac{1}{\sin a},\quad$ donc. . . . . . . $\quad coséc\ a = 1{,}881\,82$.

3. *Trouver le sinus et le cosinus d'un arc dont la tangente égale* $\frac{3}{4}$.

On peut obtenir le résultat à l'aide des formules (6) et (7). Plus simplement : Si le sinus était 3 et le cosinus 4, le rayon serait 5; donc, le rayon étant 1, le sinus égale $\frac{3}{5}$ et le cosinus $\frac{4}{5}$.

4. *Trouver les lignes trigonométriques des arcs de 120° et de 105°.*

Les lignes trigonométriques de l'arc de 120° ont les mêmes valeurs absolues que celles de l'arc de 60°; les lignes trigonométriques de l'arc de 105° ont les mêmes valeurs que celles de l'arc de 75°. (Voir le calcul, applications du chapitre II, 2°.)

$$
\begin{aligned}
\text{Rép.} \qquad \sin 120° &= \tfrac{1}{2}\sqrt{3}. & \sin 105° &= \frac{\sqrt{6}+\sqrt{2}}{4}. \\[4pt]
\cos 120° &= -\tfrac{1}{2}. & \cos 105° &= \frac{\sqrt{2}-\sqrt{6}}{4}. \\[4pt]
tg\ 120° &= -\sqrt{3}. & tg\ 105° &= -(2+\sqrt{3}). \\[4pt]
cotg\ 120° &= -\tfrac{1}{3}\sqrt{3}. & cotg\ 105° &= \sqrt{3}-2. \\[4pt]
séc\ 120° &= -2. & séc\ 105° &= -(\sqrt{6}+\sqrt{2}). \\[4pt]
coséc\ 120° &= \tfrac{2}{3}\sqrt{3}. & coséc\ 105° &= \sqrt{6}-\sqrt{2}.
\end{aligned}
$$

5. *Calculer les lignes trigonométriques d'un angle a en fonction de séc a.*

On a $\qquad séc\ a = \dfrac{1}{\cos a}$, donc $\cos a = \dfrac{1}{séc\ a}$;

la formule $\sin^2 a + \cos^2 a = 1$ peut donc s'écrire :

$$\sin^2 a + \frac{1}{séc^2 a} = 1, \qquad \text{d'où} \qquad \sin a = \pm\frac{\sqrt{séc^2 a - 1}}{séc\ a};$$

$$tg\ a = \frac{\sin a}{\cos a}, \qquad \text{donc} \qquad tg\ a = \pm\sqrt{séc^2 a - 1};$$

$$cotg\ a = \frac{1}{tg\ a}, \qquad \text{donc} \qquad cotg\ a = \frac{1}{\pm\sqrt{séc^2 a - 1}};$$

enfin $coséc\ a = \dfrac{1}{\sin a}$, $\qquad$ donc $\qquad coséc\ a = \dfrac{séc\ a}{\pm\sqrt{séc^2 a - 1}}.$

6. *Calculer le sinus des arcs de 63° et de 27°.*

On a $\sin \begin{Bmatrix} 63° \\ 27° \end{Bmatrix} = \sin(45° \pm 18°)$, donc

$$\sin \begin{Bmatrix} 63° \\ 27° \end{Bmatrix} = \sin 45° \cos 18° \pm \sin 18° \cos 45°,$$

$$= \frac{\sqrt{2}}{2} \cdot \frac{\sqrt{10+2\sqrt{5}}}{4} \pm \frac{\sqrt{5}-1}{4} \cdot \frac{\sqrt{2}}{2} = \frac{1}{4}\sqrt{5+\sqrt{5}} \pm \frac{1}{8}\left(\sqrt{10}-\sqrt{2}\right),$$

ou, élevant le deuxième terme au carré et en extrayant la racine carrée,

$$\sin \begin{Bmatrix} 63° \\ 27° \end{Bmatrix} = \frac{1}{4}\left\{ \sqrt{5+\sqrt{5}} \pm \sqrt{3-\sqrt{5}} \right\}.$$

7. *Calculer le cosinus des mêmes arcs.*

Le même calcul donne

$$\cos \begin{Bmatrix} 63° \\ 27° \end{Bmatrix} = \cos 45° \cos 18° \mp \sin 45° \sin 18°,$$

c'est-à-dire : $\qquad \frac{1}{4}\left\{ \sqrt{5+\sqrt{5}} \mp \sqrt{3-\sqrt{5}} \right\}.$

8. *Calculer le sinus des arcs de 48° et de 12°.*

On a

$$\sin \begin{Bmatrix} 48° \\ 12° \end{Bmatrix} = \sin(30° \pm 18°) = \sin 30° \cos 18° \pm \sin 18° \cos 30°;$$

or $\quad \sin 30° = \frac{1}{2};\ \sin 18° = \frac{1}{4}(\sqrt{5}-1);\ \cos 18° = \frac{1}{4}\sqrt{10+2\sqrt{5}};$

$$\cos 30° = \frac{1}{2}\sqrt{3};$$

donc $\qquad \sin \begin{Bmatrix} 48° \\ 12° \end{Bmatrix} = \frac{1}{8}\left\{ \sqrt{10+2\sqrt{5}} \pm \sqrt{15}-\sqrt{3} \right\}$

ou $\qquad\qquad = \frac{1}{8}\left\{ \sqrt{10+2\sqrt{5}} \pm \sqrt{18-6\sqrt{5}} \right\}.$

9. *Calculer le cosinus de ces mêmes arcs.*

$$\cos \begin{Bmatrix} 48° \\ 12° \end{Bmatrix} = \cos(30° \pm 18°) = \cos 30° \cos 18° \mp \sin 30° \sin 18°,$$

$$= \frac{1}{8}\left\{ \sqrt{30+6\sqrt{5}} \mp \sqrt{5}-1 \right\}.$$

10. $\sin a = \frac{1}{4}$, $\cos b = \frac{3}{5}$; *calculer* $\sin(a\pm b)$ *et* $\cos(a\pm b)$.

On a : $\sin(a\pm b) = \sin a \cos b \pm \sin b \cos a$;

or $\sin b = \sqrt{1 - \frac{9}{25}} = \frac{4}{5}$;

$\cos a = \sqrt{1 - \frac{1}{16}} = \frac{1}{4}\sqrt{15}$;

donc $\sin(a\pm b) = \frac{1}{4}\cdot\frac{3}{5} \pm \frac{4}{5}\cdot\frac{1}{4}\sqrt{15}$,

ou $\sin(a\pm b) = \frac{3}{20} \pm \frac{1}{5}\sqrt{15}$.

De même,

$$\cos(a\pm b) = \cos a \cos b \mp \sin a \sin b = \frac{1}{4}\sqrt{15}\cdot\frac{3}{5} \mp \frac{1}{4}\cdot\frac{4}{5},$$

ou $\cos(a\pm b) = \frac{3}{20}\sqrt{15} \mp \frac{1}{5}$.

11. $\sin a = 0,3$; *trouver* $\sin 2a$.

La formule $\sin 2a = 2\sin a \cos a$ donne :

$$\sin 2a = 2\times 0,3\sqrt{0,91},$$

ou $\sin 2a = 0,6\sqrt{0,91}$ ou $0,54$.

12. $\cos a = \frac{4}{5}$; *trouver* $\cos 2a$.

$\cos 2a = \cos^2 a - \sin^2 a = \frac{16}{25} - \frac{9}{25}$ ou $\cos 2a = \frac{7}{25} = 0,28$.

13. $\operatorname{Tg} a = \frac{3}{5}$; *trouver* $\tan 2a$.

On a $\operatorname{tg} 2a = \frac{2\operatorname{tg} a}{1 - \operatorname{tg}^2 a} = \frac{6}{5\left(1 - \frac{9}{25}\right)} = \frac{15}{8}$ ou $1,875$.

14. *Trouver* $\sin 9°$ *et* $\cos 9°$.

On a $\sin 18° = \frac{1}{4}(\sqrt{5} - 1)$ et $\cos 18° = \frac{1}{4}\sqrt{10 + 2\sqrt{5}}$;   en appliquant les formules (20) et (21), qui donnent $sin\frac{1}{2}a$ et $cos\frac{1}{2}a$ en fonction de $sin\ a$, on obtient :

$$sin\ 9^\circ = \frac{1}{4}\sqrt{3+\sqrt{5}} - \frac{1}{4}\sqrt{5-\sqrt{5}},$$

$$cos\ 9^\circ = \frac{1}{4}\sqrt{3+\sqrt{5}} + \frac{1}{4}\sqrt{5-\sqrt{5}}.$$

15. *Calculer sin* $3a$ *et cos* $3a$ *en fonction de sin* a *et cos* a.

Dans la formule $sin\,(a+b)=sin\ a\ cos\ b+sin\ b\ cos\ a$, si l'on fait $b=2a$, il vient : $sin\ 3a=sin\ a\ cos\ 2a+cos\ a\ sin\ 2a$; remplaçons $sin\ 2a$ et $cos\ 2a$ par leurs valeurs (13) et (14).

$$sin\ 3a=sin\ a\,(cos^2\ a - sin^2\ a)+cos\ a\ 2\ sin\ a\ cos\ a$$

ou

$$=sin\ a\,(cos^2\ a - sin^2\ a)+2\ sin\ a\ cos^2\ a$$
$$=sin\ a\,(1-sin^2\ a)-sin^3\ a+2\ sin\ a\,(1-sin^2\ a)$$
$$=sin\ a-sin^3\ a-sin^3\ a+2\ sin\ a-2\ sin^3\ a$$
$$=3\ sin\ a-4\ sin^3\ a$$

De même,

$$cos\ 3a=cos\ a\ cos\ 2a - sin\ a\ sin\ 2a$$

ou

$$=cos\ a\,(cos^2\ a - sin^2\ a)-sin\ a\ 2\ sin\ a\ cos\ a$$
$$=cos^3\ a+cos\ a\,(cos^2\ a-1)-2\ sin^2\ a\ cos\ a$$
$$=2\ cos^3\ a-cos\ a-2\ cos\ a\,(1-cos^2\ a)$$
$$=4\ cos^3\ a-3\ cos\ a.$$

16. *Tang* $a=0,9$; *calculer* $tg\frac{1}{2}a$.

On a $tg\frac{1}{2}a=\dfrac{-1\pm\sqrt{1+tg^2\ a}}{tg\ a}=\dfrac{-1\pm\sqrt{1.81}}{0,9}$ ou $0,377$.

17. *Cos* $a=0,7$; *calculer* $tg\frac{1}{2}a$.

On a $tg\frac{1}{2}a=\pm\sqrt{\dfrac{1-cos\ a}{1+cos\ a}}=\pm\sqrt{\dfrac{0,3}{1,7}}=\pm\sqrt{\dfrac{3}{17}}$ ou $0,71$.

Rendre calculables par logarithmes les expressions sui-vantes :

18. $\qquad Sin\ 24^\circ\ 34'\ 12'' + sin\ 12^\circ\ 14'\ 28''.$

La formule (22) donne : $2\ sin\ 23^\circ\ 19'\ 20''\ cos\ 11^\circ\ 4'\ 52''.$

19. $\qquad Sin\ 25^\circ\ 36'\ 14'' + sin\ 16^\circ\ 3'\ 46''.$

La même formule donne : $2\ sin\ 20^\circ\ 50'\ cos\ 4^\circ\ 46'\ 14''.$

20. $\qquad Sin\ 32^\circ\ 8'\ 17'' - sin\ 9^\circ\ 10'\ 25''.$

La formule (23) donne : $2\ sin\ 11^\circ\ 28'\ 56''\ cos\ 20^\circ\ 39'\ 21''.$

21. $\qquad Cos\ 45^\circ\ 17'\ 41'' + cos\ 27^\circ\ 56'\ 4''.$

La formule (24) donne : $2\ cos\ 36^\circ\ 36'\ 52'',5\ cos\ 8^\circ\ 40'\ 48'',5.$

22. $\qquad Cos\ 6^\circ\ 12'\ 5'' - cos\ 62^\circ\ 40'\ 32''.$

La formule (25) donne : $2\ sin\ 34^\circ\ 26'\ 18'',5\ sin\ 28^\circ\ 14'\ 13'',5.$

23. $\qquad Cos\ 20^\circ\ 0'\ 58'' - sin\ 35^\circ\ 53'\ 8''.$

On change le *cos* en *sin*, et l'on applique la formule (23), il vient : $2\ sin\ 17^\circ\ 2'\ 57''\ cos\ 52^\circ\ 56'\ 5''.$

24. $\qquad Tg\ 18^\circ\ 24'\ 9'' + tg\ 10^\circ\ 0'\ 42''.$

La formule (27) donne : $\dfrac{sin\ 28^\circ\ 24'\ 51''}{cos\ 18^\circ\ 24'\ 9''\ cos\ 10^\circ\ 0'\ 42''}.$

25. $\qquad Cot\ 37^\circ\ 38'\ 49'' - cot\ 76^\circ\ 1'\ 59''.$

La formule (28) donne : $\dfrac{sin\ 38^\circ\ 23'\ 10''}{sin\ 37^\circ\ 38'\ 49''\ sin\ 76^\circ\ 1'\ 59''}.$

26. $\qquad \dfrac{sin\ 63^\circ\ 34'\ 12'' + sin\ 38^\circ\ 7'\ 45''}{sin\ 63^\circ\ 34'\ 12'' - sin\ 38^\circ\ 7'\ 45''}.$

La formule (26) donne : $\dfrac{tg\ 50^\circ\ 50'\ 58'',5}{tg\ 12^\circ\ 43'\ 13'',5}.$

27. $\qquad \dfrac{sin\ 98^\circ\ 6'\ 35'' + sin\ 25^\circ\ 32'\ 8''}{sin\ 98^\circ\ 6'\ 35'' - sin\ 25^\circ\ 32'\ 8''}.$

La même formule donne : $\dfrac{tg\ 36^\circ\ 17'\ 13'',5}{tg\ 61^\circ\ 49'\ 21'',5}.$

Rendre calculables par logarithmes les expressions :

28. $\qquad 1 + sin\ 20^\circ\ 32'\ 44''.$

On remarque que $1 = sin\ 90^\circ$; en remplaçant 1 par cette valeur, la formule (22) donne : $2\ sin\ 55^\circ\ 16'\ 22''\ cos\ 34^\circ\ 43'\ 38''.$

29. $\qquad 1 - sin\ 30^\circ\ 45'\ 17''.$

De même, on remplace 1 par $sin\ 90^\circ$, et la formule (23) donne : $\ 2\ sin\ 29^\circ\ 37'\ 21'',5\ cos\ 60^\circ\ 22'\ 38'',5.$

30. $\qquad 1 + cos\ 18^\circ\ 4'\ 50''.$

On remplace 1 par $cos\ 0^\circ$, et l'on a, d'après la formule (24) :
$$2\ cos^2\ 9^\circ\ 2'\ 25''.$$

31. $\qquad 1 - cos\ 64^\circ\ 56'\ 48''.$

De même (25) donne : $\ 2\ sin^2\ 32^\circ\ 28'\ 24''.$

32. $\qquad 1 + tg\ 43^\circ\ 9'\ 6''.$

On remarque que $1 = tg\ 45^\circ$; d'ailleurs $\ cos\ 45^\circ = \dfrac{1}{2}\sqrt{2}$. La

formule (27) devient : $\ tg\ a + tg\ b = \dfrac{sin\ (a+b)\ \sqrt{2}}{cos\ b}$,

ou $\qquad \dfrac{\sqrt{2}\ sin\ 88^\circ\ 9'\ 6''}{cos\ 43^\circ\ 9'\ 6''}.$

33. $\qquad 1 - tg\ 7^\circ\ 5'\ 8''.$

De même : $\qquad \dfrac{\sqrt{2}\ sin\ 37^\circ\ 54'\ 52''}{cos\ 7^\circ\ 5'\ 8''}.$

34. $\qquad 1 - cot\ 76^\circ\ 31'\ 26''.$

On remplace 1 par $cot\ 45^\circ$, et la formule (28) donne :
$$\dfrac{\sqrt{2}\ sin\ 31^\circ\ 31'\ 26''}{sin\ 76^\circ\ 31'\ 26''}.$$

35. $\qquad 1 + cot\ 52^\circ\ 15'\ 24''.$

De même : $\qquad \dfrac{\sqrt{2}\ sin\ 97^\circ\ 15'\ 24''}{sin\ 52^\circ\ 15'\ 24''}.$

36. $\qquad \dfrac{1 - tg\ 15^\circ\ 24'\ 35''}{1 + tg\ 15^\circ\ 24'\ 35''}.$

On peut écrire : $\dfrac{1-tg\ a}{1+tg\ a} = \dfrac{tg\ 45^\circ - tg\ a}{1+tg\ 45^\circ\ tg\ a} = tg\ (45^\circ - a)$; ce qui donne : $tg\ 29^\circ\ 35'\ 25''$.

37.
$$\dfrac{1+tg\ 27^\circ\ 8'\ 15''}{1-tg\ 27^\circ\ 8'\ 15''}.$$

On écrit $\dfrac{1+tg\ a}{1-tg\ a} = \dfrac{tg\ 45^\circ + tg\ a}{1-tg\ 45^\circ\ tg\ a} = tg\ (45^\circ + a);$ ce qui donne : $tg\ 72^\circ\ 8'\ 15''$.

EXERCICES DU CHAPITRE III

---

38. *Trouver le log. de sin 7° 24′ 20″.*

Les tables de Lalande donnent :
$$log\ 7° 24′ = \overline{1},1099010$$
$$pour\quad 20″\qquad +3238$$

$$\text{Rép.}\qquad \overline{1},1102248.$$

Les tables de Callet donnent pour les deux dernières décimales 51.

39. *Trouver le log. de cos 24° 15′ 40″.*

$$log\ cos\ 24° 15′ = \overline{1},9598815$$
$$pour\quad 40″\qquad -\ 379$$

$$\text{Rép.}\qquad \overline{1},9598436$$

De même pour les problèmes suivants : les différences sont positives pour les sinus et négatives pour les cosinus.

Trouver les logarithmes de :

40.	Sin 15° 32′ 30″.	Rép.	$\overline{1}$,4280360.
41.	Cos 59° 24′ 50″.	—	$\overline{1}$,7065751.
42.	Sin 28° 45′ 23″.	—	$\overline{1}$,6822232.
43.	Cos 41° 33′ 59″.	—	$\overline{1}$,8740104.
44.	Sin 36° 52′ 32″.	—	$\overline{1}$,7782084.
45.	Cos 57° 42′ 2″.	—	$\overline{1}$,7278210.
46.	Sin 48° 0′ 41″.	—	$\overline{1}$,8711512.
47.	Cos 68° 51′ 12″.	—	$\overline{1}$,5572142.
48.	Sin 52° 12′ 54″,2.	—	$\overline{1}$,8978008.

49.	Cos 2° 17′ 35″,7.	—	$\overline{1},999\,6520.$
50.	Sin 64° 25′ 9″,8.	—	$\overline{1},955\,1963.$
51.	Cos 18° 26′ 42″,9.	—	$\overline{1},977\,0952.$
52.	Sin 75° 38′ 12″,6.	—	$\overline{1},986\,2085.$
53.	Cos 72° 0′ 2″,3.	—	$\overline{1},489\,9675.$
54.	Sin 88° 48′ 25″,4.	—	$\overline{1},999\,9059.$
55.	Cos 87° 8′ 23″,5.	—	$\overline{2},698\,0841.$
56.	Sin 0° 12′ 7″,3.	—	$\overline{3},547\,2875.$
57.	Cos 89° 0′ 45″,8.	—	$\overline{2},236\,2952.$

58. *Trouver le log. de tg* 10° 22′ 10″.

$$\log tg\ 10°\ 22' = \overline{1},2622921$$
$$\text{pour} \quad 10'' \qquad +1188$$

$$\text{Rép.} \qquad \overline{1},262\,4109.$$

59. *Trouver le log. de cotg* 25° 12′ 30″.

$$\log cot\ 25°\,12' = 0,327\,3810$$
$$\text{pour} \quad 30'' \qquad -1639$$

$$\text{Rép.} \qquad 0,327\,2171.$$

De même pour les problèmes suivants. Les différences sont positives pour les tang. et négatives pour les cot.

Trouver les logarithmes de :

60.	tg 21° 45′ 20″.	Rép.	$\overline{1},601\,0512.$
61.	cot 36° 21′ 40″.	—	$\overline{1},132\,9945.$
62.	tg 32° 16′ 35″.	—	$\overline{1},800\,4400.$
63.	cot 47° 39′ 28″.	—	$\overline{1},959\,6509.$
64.	tg 43° 0′ 46″.	—	$\overline{1},969\,8500.$
65.	cot 58° 42′ 17″.	—	$\overline{1},783\,8297.$
66.	tg 54° 27′ 57″.	—	$\overline{0},146\,1843.$
67.	cot 69° 0′ 9″.	—	$\overline{1},584\,1208.$
68.	tg 65° 33′ 8″,1.	—	$0,342\,3463.$
69.	cot 80° 53′ 13″,2.	—	$\overline{1},205\,2227.$
70.	tg 76° 38′ 12″,3.	—	$0,624\,2342.$

71.	$cot\ 6°\ 16'\ 22'',4.$	Rép.	$0,9589150.$
72.	$tg\ 87°\ 45'\ 25'',5.$	—	$1,4070876.$
73.	$cot\ 19°\ 25'\ 33'',6.$	—	$0,4526367.$
74.	$tg\ 2°\ 4'\ 34'',7.$	—	$\overline{2},5593588.$
75.	$cot\ 21°\ 43'\ 42'',8.$	—	$0,3995436.$
76.	$tg\ 0°\ 15'\ 48'',9.$	—	$\overline{3},6627983.$
77.	$cot\ 0°\ 0'\ 56'',1.$	—	$3,5671546.$

78. *Trouver le log de sin* 164° 27′ 30″.

Ramenant au premier quadrant, on a
$$180°-164°\ 27'\ 30''=15°\ 32'\ 30'',$$
dont le *log sin* est $\overline{1},4280360.$

79. *Trouver le log cos* 120° 35′ 10″.

De même, $180°-120°\ 35'\ 10''=59°\ 24'\ 50''.$

Rép. $\overline{1},7065751.$

80. *Trouver le log sin* 208° 45′ 23″.

De même, $208°\ 45'\ 23''-180°=28°\ 45'\ 23''.$

Rép. $\overline{1},6822231.$

81. *Trouver le log cot* 221° 33′ 59″.

De même, $221°\ 33'\ 59''-180°=41°\ 33'\ 59''.$

Rép. $\overline{1},8740104.$

Trouver les angles du premier quadrant correspondant aux logarithmes suivants :

82.
$$Log\ sin\ x=\overline{1},4088894$$
$$log\ sin\ 14°\ 51'=\overline{1},4087306$$
$$\frac{1588\times50}{4762}=20''$$

Rép. $14°\ 51'\ 20''.$

83.
$$Log\ cos\ x=\overline{1},8849065$$
$$log\ cos\ 39°\ 53'=\overline{1},8849945$$
$$\frac{-880\times60}{-1056}=50''.$$

Rép. $39°\ 53'\ 50''.$

De même pour les problèmes suivants :

84.	$log\ sin\ x = \overline{1},775\,6935.$	Rép.	$36°\ 37'\ 40''.$
85.	$log\ cos\ x = \overline{1},714\,9428.$	—	$58°\ 45'\ 10''.$
86.	$log\ sin\ x = \overline{2},765\,4321.$	—	$3°\ 20'\ 25'',5.$
87.	$log\ cos\ x = \overline{1},998\,8776.$	—	$4°\ 7'\ 2'',7.$
88.	$log\ sin\ x = \overline{2},912\,3456.$	—	$4°\ 41'\ 15'',4.$
89.	$log\ cos\ x = \overline{1},983\,4560.$	—	$15°\ 42'\ 52'',7.$
90.	$log\ sin\ x = \overline{1},357\,9468.$	—	$13°\ 10'\ 47'',1.$
91.	$log\ cos\ x = \overline{1},944\,3325.$	—	$28°\ 23'\ 39'',6.$
92.	$log\ sin\ x = \overline{1},567\,1248.$	—	$21°\ 39'\ 32'',8.$
93.	$log\ cos\ x = \overline{1},876\,5432.$	—	$41°\ 11'\ 13'',4.$
94.	$log\ sin\ x = \overline{1},753\,1864.$	—	$34°\ 30'\ 19''.$
95.	$log\ cos\ x = \overline{1},789\,1234.$	—	$52°\ 1'\ 21'',1.$
96.	$log\ sin\ x = \overline{1},942\,6715.$	—	$61°\ 12'\ 13'',3.$
97.	$log\ cos\ x = \overline{1},654\,3245.$	—	$63°\ 10'\ 56'',2.$
98.	$log\ sin\ x = \overline{1},976\,0044.$	—	$71°\ 7'\ 42'',8.$
99.	$log\ cos\ x = \overline{2},753\,1789,$	—	$86°\ 45'\ 9'',4.$
100.	$log\ sin\ x = \overline{1},999\,1357.$	—	$86°\ 23'\ 11'',4.$
101.	$log\ cos\ x = 3,890\,0216.$	—	$89°\ 33'\ 18'',8.$

Trouver les angles du premier quadrant correspondant aux logarithmes suivants :

102.
$$Log\ tg\ x = \overline{1},882\,0134$$
$$log\ tg\ 37°\,18' = \overline{1},881\,8386$$
$$\frac{1748 \times 60}{2621} = 40''.$$

Rép. $37°\,18'\ 40''.$

103.
$$Log\ cot\ x = 1,059\,2624$$
$$log\ cot\ 4°\,59' = 1,059\,5056$$
$$\frac{-2432 \times 60}{-14574} = 10''.$$

Rép. $4°\,59'\ 10''.$

De même pour les exercices suivants :

104. $\log tg\ x = 0,360\,3752.$ Rép.   66° 26′ 10.
105. $\log cot\ x = \overline{1},817\,0712.$ —   56° 43′ 30″.
106. $\log tg\ x = \overline{1},321\,0789.$ —   11° 49′ 46″,4.
107. $\log cot\ x = 0,357\,9124.$ —   23° 40′ 59″,4.
108. $\log tg\ x = \overline{1},654\,1245.$ —   24° 16′ 22″,1.
109. $\log cot\ x = 0,125\,2468.$ —   36° 51′ 1″,4.
110. $\log tg\ x = \overline{1},864\,2013.$ —   36° 11′ 4″,8.
111. $\log cot\ x = 0,048\,1789.$ —   41° 49′ 42″,3.
112. $\log tg\ x = \overline{1},995\,0045.$ —   44° 40′ 13″,7.
113. $\log cot\ x = \overline{1},975\,0072.$ —   46° 38′ 51″,8.
114. $\log tg\ x = 0,123\,4568.$ —   53° 2′ 10″,4.
115. $\log cot\ x = \overline{1},678\,5401.$ —   64° 29′ 51″,9.
116. $\log tg\ x = 0,345\,6789.$ —   65° 43′ 2″,9.
117. $\log cot\ x = \overline{1},234\,5625.$ —   80° 15′ 42″,8.
118. $\log tg\ x = 1,789\,0012.$ —   89° 4′ 7″,4.
119. $\log cot\ x = \overline{3},8900036.$ —   89° 33′ 18″,9.
120. $\log tg\ x = \overline{3},850\,1854.$ —   0° 24′ 20″,8.
121. $\log cot\ x = 3,975\,3124.$ —   0° 3′ 38″,4.

Évaluer les plus petits arcs positifs qui satisfont aux équations suivantes :

122. $Sin\ x = \dfrac{3}{5}.$

$$\log\ sin\ x = \log 3 - \log 5$$
$$\log 3 = 0,477\,121\,25$$
$$\log 5 = 0,698\,97$$
$$\overline{\overline{1},778\,154\,25.}$$

Rép. $x = 36° 52′ 11″,6.$

123. $Tg\ x = 3.$

$$\log\ tg\ x = \log 3 = 0,477\,121\,25.$$

Rép. $x = 71° 33′ 54″,1.$

124.
$$Cos\ x = 0,7.$$
$$log\ cos\ x = log\ 0,7 = \overline{1},845\,098\,04.$$
$$\text{Rép.}\quad x = 45°\,34'\,22'',8.$$

125.
$$Cotg\ x = \frac{2}{3}.$$
$$log\ cot\ x = log\ 2 - log\ 3 = \overline{1},823\,908\,75.$$
$$\text{Rép.}\quad x = 56°\,18'\,35'',7.$$

126.
$$Séc\ x = \frac{7}{3}.$$
$$séc\ x = \frac{1}{cos\ x}\ ;\ \text{donc}\ cos\ x = \frac{3}{7},\ \text{ou}\ log\ cos\ x = log\ 3 - log\ 7.$$
$$log\ cos\ x = \overline{1},632\,023\,21.$$
$$\text{Rép.}\quad x = 64°\,37'\,23''.$$

127.
$$Tang\ x = -\frac{17}{9}.$$
Soit y le supplément de x. On a $tg\ y = -tg\ x = \frac{17}{9}\ ;$ donc
$$log\ tg\ y = log\ 17 - log\ 9 = 0,276\,206\,41\ ;$$
$$y = 62°\,6'\,9'',8;\quad \text{d'où}\quad x = 117°\,53'\,50'',2.$$

128.
$$Cotg\ x = -\frac{5}{7}.$$
Soit y le supplément de x. On a $cot\ y = -cot\ x = \frac{5}{7};$ donc
$$log\ cotg\ y = log\ 5 - log\ 7 = \overline{1},853\,871\,96;$$
$$y = 54°\,27'\,44'',4;\quad \text{d'où}\quad x = 125°\,32'\,15'',6.$$

129.
$$Coséc\ x = -\frac{4}{3}.$$
Soit y le supplément de x. On a $coséc\ y = -coséc\ x\ ;$ or
$coséc\ y = \frac{1}{sin\ y} = \frac{4}{3};$ d'où $sin\ y = \frac{3}{4}.$

Donc $log\ sin\ y = log\ 3 - log\ 4 = log\ 0,75 = \overline{1},875\,0613;$
$$y = 48°\,35'\,25'';\quad \text{d'où}\quad x = 131°\,24'\,35''.$$

130. *Évaluer le plus petit arc positif qui satisfait à l'équation :*

$$tg\ x = sin\ 12^\circ\ 24'\ 48'' + cos\ 12^\circ\ 24'\ 48''.$$

La formule (22) donne $\quad tg\ x = 2\ sin\ 45^\circ\ cos\ 32^\circ\ 35'\ 12'';$

d'où $\quad log\ tg\ x = log\ 2 + log\ sin\ 45^\circ + log\ cos\ 32^\circ\ 35'\ 12''.$

$$log\ 2 = 0,301\,03$$
$$log\ sin\ 45^\circ = \overline{1},849\,4850$$
$$log\ cos\ 32^\circ\ 35'\ 12'' = \overline{1},925\,6101$$
$$\overline{}$$
$$log\ tg\ x = 0,076\,1251$$
$$x = 49^\circ\ 59'\ 45'',6.$$

131. *Évaluer le plus petit arc positif qui satisfait à l'équation :*

$$tg\ x = tg\ 63^\circ\ 15'\ 16'' + cot\ 63^\circ\ 15'\ 16''.$$

La formule (27) donne $\quad tg\ x = \dfrac{1}{cos\ 63^\circ\,15'\,16''\ cos\ 26^\circ\,44'\,44''},$

ou $\quad log\ tg\ x = 0 - log\ cos\ 63^\circ\ 15'\ 16'' - log\ cos\ 26^\circ\ 44'\ 44''.$

$$\overline{L}\ cos\ 63^\circ\ 15'\ 16'' = 0,346\,759\,32$$
$$\overline{L}\ cos\ 26^\circ\ 44'\ 44'' = 0,049\,141\,84$$
$$\overline{}$$
$$log\ tg\ x = 0,395\,901\,16$$
$$x = 68^\circ\ 6'\ 20''.$$

Évaluer les plus petits arcs positifs qui satisfont aux équations suivantes :

132. $\qquad\qquad Tang\ x = 5\ sin\ x.$

On peut écrire $\dfrac{sin\ x}{cos\ x} = 5\ sin\ x.$ En supprimant la solution

$sin\ x = 0$, d'où $x = 0^\circ$, il reste : $\dfrac{1}{cos\ x} = 5$ ou $cos\ x = \dfrac{1}{5}.$

$$\text{Rép.} \quad x = 78^\circ\ 27'\ 47''.$$

133. $\qquad\qquad 5\ tang\ x = 6\ cos\ x.$

On peut écrire : $tg\ x = \dfrac{6}{5}\ cos\ x$ ou $\dfrac{sin\ x}{cos\ x} = \dfrac{6}{5}\ cos\ x;$ d'où

$sin\ x = \dfrac{6}{5}\ cos^2\ x = \dfrac{6}{5}(1 - sin^2\ x)$ ou $sin\ x = \dfrac{6}{5} - \dfrac{6}{5}\ sin^2\ x.$

Donc on a l'équation : $\quad sin^2\ x + \dfrac{5}{6}\ sin\ x - 1 = 0;$

d'où $\qquad sin\, x = \dfrac{-5 \pm \sqrt{25 + 144}}{12} = \dfrac{-5 \pm 13}{12}.$

La première valeur est seule admissible, donc $\quad sin\, x = \dfrac{2}{3}.$

$$x = 41^\circ\, 48'\, 37'',1.$$

134. $\qquad\qquad\qquad Tang\, 2x = 5\, tg\, x.$

On peut écrire $\dfrac{2\, tg\, x}{1 - tg^2\, x} = 5\, tg\, x.$ En supprimant la solution

$tg\, x = 0,$ il reste $\dfrac{2}{1 - tg^2\, x} = 5$ ou $tg^2\, x = \dfrac{3}{5}.$

Donc $\qquad\qquad\qquad tg\, x = \sqrt{\dfrac{3}{5}}.$

$$x = 37^\circ\, 45'\, 40'',5.$$

135. $\qquad\qquad\qquad 2\, tg\, x + 2\, cot\, x = 5.$

Ou $tg\, x + cot\, x = \dfrac{5}{2}$ que l'on peut écrire : $tg\, x + \dfrac{1}{tg\, x} = \dfrac{5}{2}$

ou $tg^2\, x - \dfrac{5}{2}\, tg\, x + 1 = 0$; d'où $tg\, x = \dfrac{5 \pm \sqrt{25 - 16}}{4} = 2$ et $\dfrac{1}{2}.$

$$x' = 26^\circ\, 33'\, 54'',2.$$
$$x'' = 63^\circ\, 26'\, 5'',8.$$

136. $\qquad\qquad\qquad 8\, cot^2\, x - séc^2\, x = 1.$

On sait que $séc^2\, x - tg^2\, x = 1$; en ajoutant ces deux égalités,

il vient : $8\, cot^2\, x - tg^2\, x = 2$; d'où $\dfrac{8}{tg^2\, x} - tg^2\, x = 2$

ou $tg^4\, x + 2\, tg^2\, x - 8 = 0$; d'où $tg\, x = \sqrt{-1 \pm \sqrt{9}} = \sqrt{2}.$

$$x = 54^\circ\, 44'\, 8'',2.$$

137. $\qquad\qquad\qquad Sin\, x + cos\, x = séc\, x.$

On peut écrire : $sin\, x + cos\, x = \dfrac{1}{cos\, x};$

d'où $\qquad\qquad sin\, x\, cos\, x + cos^2\, x = 1,$

ou $\qquad sin\, x\, cos\, x = sin^2\, x,$ ou $sin\, x\, (cos\, x - sin\, x) = 0;$

équation qui est satisfaite par $sin\, x = 0$ et par $sin\, x = cos\, x.$

Donc $\qquad\qquad\qquad x' = 0$ et $x'' = 45^\circ.$

EXERCICES DU CHAPITRE IV

Résolution des triangles rectangles.

(Les *cologarithmes* sont désignés par la notation $\overline{\mathrm{L}}$.)

1er Cas. 138. Données $\begin{cases} \mathrm{B} = 38°, \\ a = 230^{\mathrm{m}}. \end{cases}$

$$\mathrm{C} = 90° - \mathrm{B} = 90° - 38° = 52°.$$

Formules $\begin{cases} b = a\,\sin\mathrm{B}. \quad \log b = \log a + \log \sin\mathrm{B}. \\ c = a\,\cos\mathrm{B}. \quad \log c = \log a + \log \cos\mathrm{B}. \end{cases}$

$$\log a = 2{,}361\,727\,84 \qquad\qquad \log a = 2{,}361\,727\,84$$
$$\log \sin\mathrm{B} = \overline{1}{,}789\,342\,0 \qquad\quad \log \cos\mathrm{B} = \overline{1}{,}896\,532\,1$$
$$\underline{} \qquad\qquad \underline{}$$
$$2{,}151\,069\,84 \qquad\qquad\qquad 2{,}258\,259\,94$$
$$b = 141^{\mathrm{m}}6\,212. \qquad\qquad c = 181^{\mathrm{m}}{,}2\,424.$$

139. Données $\begin{cases} a = 578^{\mathrm{m}}{,}25. \\ \mathrm{B} = 38°51'23. \end{cases}$

Mêmes formules. $\quad \mathrm{C} = 90 - \mathrm{B} = 51°8'37''.$

$$b = a\,\sin\mathrm{B}. \qquad\qquad\qquad c = a\,\cos\mathrm{B}.$$
$$\log a = 2{,}762\,115\,6 \qquad\qquad \log a = 2{,}762\,115\,6$$
$$\log \sin\mathrm{B} = \overline{1}{,}797\,524\,1 \qquad\quad \log \cos\mathrm{B} = \overline{1}{,}891\,381\,8$$
$$\underline{} \qquad\qquad \underline{}$$
$$2{,}559\,639\,7 \qquad\qquad\qquad 2{,}653\,497\,4$$
$$b = 362{,}777. \qquad\qquad\qquad c = 450{,}295.$$

La surface $\mathrm{S} = \dfrac{1}{2}a^2 \sin\mathrm{B}\,\cos\mathrm{B}.$

$$2\,log\,a = 5{,}5242312$$
$$log\,sin\,B = \overline{1}{,}7975241$$
$$log\,cos\,B = \overline{1}{,}8913818$$
$$\overline{L2} = \overline{1}{,}69897$$

$$4{,}9121071$$

$$S = 81\,678^{mq}{,}3740.$$

2^c Cas. 140. Données $\begin{cases} b = 102^m{,}40. \\ B = 55°. \end{cases}$

$$C = 90° - B = 90° - 55° = 35°.$$

Formules $\begin{cases} a = \dfrac{b}{sin\,B}. & log\,a = log\,b - log\,sin\,B. \\ c = b\,cot\,B. & log\,c = log\,b + log\,cot\,B. \end{cases}$

$log\,b = 2{,}0103$	$log\,b = 2{,}0103$
$\overline{L}\,sin\,B = 0{,}0866355$	$log\,cot\,B = \overline{1}{,}8452268$
$2{,}0969355$	$1{,}8555268$
$a = 125^m{,}007.$	$c = 71^m{,}7012.$

141. Données $\begin{cases} b = 5734{,}25. \\ B = 37°29'12''. \end{cases}$

Mêmes formules $C = 90° - B = 52°30'40''.$

$log\,b = 3{,}7584766$	$log\,b = 3{,}7584766$
$\overline{L}\,sin\,B = 0{,}2156847$	$log\,cot\,B = 0{,}1151288$
$3{,}9741613$	$3{,}8737054$
$a = 9422{,}39.$	$c = 7476{,}62.$

$$S = \tfrac{1}{2}\,b^2\,cot\,B.\quad log.\,S = 7{,}3311520.\quad S = 21\,436\,410^{mq}.$$

3^c Cas. 142. Données $\begin{cases} a = 117^m{,}80. \\ b = 48^m. \end{cases}$

Formules : $sin\,B = \dfrac{b}{a}.\quad c = \sqrt{(a+b)(a-b)} = 107{,}58.$

$$log\,b = 1{,}68124124$$
$$L\,a = 3{,}9288547$$

$$\overline{1}{,}61009594.$$

$$B = 24°2'45''{,}6\,;\quad \text{d'où}\quad C = 65°57'14''{,}4.$$

143.

$$\text{Données} \begin{cases} a = 5\,678^m,76. \\ b = 3\,456^m,48. \end{cases}$$

$$sin\,B = \frac{b}{a}.$$

$$log\,b = 3,538\,6341.$$
$$\overline{L}\,a = \overline{4},245\,7465.$$

$$\overline{1}\,784\,3806.$$

$$B = 37°29'35'',76; \quad \text{d'où} \quad C = 52°30'24'',24.$$
$$c = a\,sin\,C = \sqrt{(a+b)(a-b)} = 4\,505\,6693.$$

4e Cas. 144.

$$\text{Données} \begin{cases} b = 122^m,40 \\ c = 130^m. \end{cases}$$

$tg\,B = \dfrac{b}{c}$	$a = \dfrac{b}{sin\,B}$
$log\,b = 2,087\,7814$	$log\,b = 2,087\,7814$
$\overline{L}c = \overline{3},886\,0565$	$\overline{L}sin\,B = 0,163\,9898$
$\overline{1},973\,8380\,5$	$2,251\,7712$
$B = 43°16'31''$; d'où $C = 46°43'29''$	$a = 178^m,5540.$

145.

$$\text{Données} \begin{cases} b = 54^m,34. \\ c = 28^m,80. \end{cases}$$

$$tg\,B = \frac{b}{c} \quad \text{ou} \quad tg\,C = \frac{c}{b},$$

$log\,b = 1,718\,8337$	$log\,c = 1,459\,3925$
$\overline{L}c = \overline{2},540\,6075$ ou	$\overline{L}b = \overline{2},281\,1663$
$0,259\,4412$	$\overline{1},740\,5588$
$B = 61°10'41'',8.$	$C = 28°49'18'',2.$

$a = \dfrac{b}{sin\,B}.$	$S = \dfrac{1}{2}bc.$
$log.b = 1,718\,8337$	$log\,b = 1,718\,8337$
$\overline{L}sin\,B = 0,057\,4345$	$log\,c = 1,459\,3925$
$1,776\,2682$	$\overline{L}2 = \overline{1},698\,97$
$a = 59^m,7404.$	$log\,S = 2,877\,1962.$

$$S = 753^{mq},6985.$$

146.   Données $\left\{\begin{array}{l} a = 6\,542^{m},84 \\ \dfrac{B}{C} = \dfrac{7}{9}. \end{array}\right.$

$\dfrac{B}{C} = \dfrac{7}{9}$,   donc $\left\{\begin{array}{l} B = 39^{\circ}\,22'\,30'' \\ C = 50^{\circ}\,37'\,30''. \end{array}\right.$

$$b = a \sin B \qquad\qquad c = a \cos B$$

$$\log a = 3,815\,766\,3 \qquad\qquad \log a = 3,815\,766\,3$$

$$\log \sin B = \overline{1},802\,358\,6 \qquad\qquad \log \cos B = \overline{1},888\,185\,4$$

$$3,618\,124\,9 \qquad\qquad\qquad 3,703\,951\,7$$

$$b = 4\,150,733\,8. \qquad\qquad c = 5\,057,683\,5.$$

147.   Données $\left\{\begin{array}{l} b = 48^{m}. \\ B = 32^{\circ}\,57'. \end{array}\right.$

$$C = 90^{\circ} - B = 57^{\circ}\,3'.$$

$$a = \dfrac{b}{\sin B} \qquad\qquad c = b \cot B$$

$$\log b = 1,681\,241\,24 \qquad\qquad \log b = 1,681\,241\,24$$

$$\overline{L}\sin B = 0,264\,475\,4 \qquad\qquad \log \cot B = 0,188\,312\,7$$

$$1,945\,716\,64 \qquad\qquad\qquad 1,869\,553\,94$$

$$a = 88^{m},25\,039. \qquad\qquad c = 74^{m},052\,45.$$

148.   Données $\left\{\begin{array}{l} a = 163^{m},20. \\ B = 40^{\circ}\,22'. \end{array}\right.$

$$C = 90^{\circ} - B = 49^{\circ}\,38'.$$

$$b = a \sin B \qquad\qquad c = a \cos B$$

$$\log a = 2,212\,720\,2 \qquad\qquad \log a = 2,212\,720\,2$$

$$\log \sin B = \overline{1},811\,358\,3 \qquad\qquad \log \cos B = \overline{1},881\,906\,7$$

$$2,024\,078\,5 \qquad\qquad\qquad 2,094\,626\,9$$

$$b = 105^{m},700\,8. \qquad\qquad c = 124^{m},334\,6.$$

149.   Données $\left\{\begin{array}{l} a = 176^{m}. \\ b = 160^{m},50. \end{array}\right.$

Calculs auxiliaires $a + b = 336,50$; $a - b = 15,50.$

$$c = \sqrt{(a+b)(a-b)} \qquad\qquad tg\,\tfrac{1}{2}C = \sqrt{\dfrac{a-b}{a+b}}$$

$$log\,(a-b)=1,190\,331\,7 \qquad log\,(a-b)=1,190\,331\,7$$
$$log\,(a+b)=2,526\,985\,1 \qquad log\,(a+b)=2,526\,985\,1$$
$$\overline{3,717\,316\,8} \qquad \overline{\overline{2},663\,346\,6}$$
$$log\,c=1,858\,658\,4 \qquad log\,tg\,\tfrac{1}{2}C=\overline{1},331\,673\,3$$
$$c=72,220\,15. \qquad \tfrac{1}{2}C=12°6'47'',37\,;$$

$$\text{d'où}\quad C=24°13'34'',74.$$
$$B=65°46'25'',26.$$

150.   Données $\begin{cases} b=141^{m}. \\ c=181^{m},20. \end{cases}$

$$tg\,B=\frac{b}{c} \qquad\qquad a=\frac{b}{sin\,B}$$
$$log\,b=2,149\,219\,1 \qquad log\,B=2,149\,219\,1$$
$$\overline{L}c=\overline{3},741\,841\,8 \qquad \overline{L}sin\,B=0,211\,745\,7$$
$$\overline{\overline{1},891\,060\,9} \qquad\qquad \overline{2,360\,964\,8}$$
$$B=37°53'17'',2\,; \qquad a=229^{m},596.$$
$$\text{d'où}\quad C=52°6'42'',8.$$

151.   Données $\begin{cases} b=320^{m}. \\ \dfrac{B}{C}=\dfrac{7}{5}. \end{cases}$

$$\frac{B}{C}=\frac{7}{5},\quad \text{donc}\ \begin{cases} B=52°30'. \\ C=37°30'. \end{cases}$$

$$a=\frac{b}{sin\,B} \qquad\qquad c=b\,cot\,B$$
$$log\,b=2,505\,15 \qquad log\,b=2,505\,15$$
$$\overline{L}sin\,B=0,100\,533\,3 \qquad log\,cot\,B=\overline{1},884\,980\,5$$
$$\overline{2,605\,683\,3} \qquad\qquad \overline{2,390\,130\,5}$$
$$a=403^{m},351\,1. \qquad c=245^{m},544\,68.$$

152.   Données $\begin{cases} b+c=252^{m},40=s \\ b-c=7^{m},60=d \end{cases}$

$$b=\frac{1}{2}(d+s)=130^{m}.\quad c=(s-d)=122^{m},40.$$

$$tg\,B = \frac{b}{c} \qquad\qquad a = \frac{b}{sin\,B}$$

$$
\begin{array}{l}
log\ b = 2{,}1139434 \\
\overline{L}\,c = \overline{3}{,}9122186 \\
\hline
0{,}0261620 \\
B = 46^\circ 43' 28'',95 ; \\
C = 43^\circ 16' 31'',05 .
\end{array}
\qquad
\begin{array}{l}
log\ b = 2{,}1139434 \\
\overline{L}\,sin\,B = 0{,}1378278 \\
\hline
2{,}2517812 \\
a = 178^m,5546 .
\end{array}
$$

153.   Données $\begin{cases} a = 225^m. \\ \dfrac{c}{b} = 0^m,75. \end{cases}$

$$tg\,C = \frac{c}{b} = 0{,}75. \quad log\ tg\ C = \overline{1}{,}8750613$$

$$C = 36^\circ 52' 11'',64 ; \quad B = 53^\circ 7' 48'',36.$$

$$
\begin{array}{l}
b = a\ sin\,B \\
log\ a = 2{,}3521825 \\
log\ sin\,B = \overline{1}{,}9030900 \\
\hline
2{,}2552725 \\
b = 180^m.
\end{array}
\qquad
\begin{array}{l}
c = a\ cos\,B \\
log\ a = 2{,}3521825 \\
log\ cos\,B = \overline{1}{,}7781747 \\
\hline
2{,}1303552 \\
c = 135^m.
\end{array}
$$

154. *Résoudre un triangle rectangle, connaissant* $c = 120^m$ *et* $\dfrac{b}{a} = 0{,}6.$

$$Sin\,B = \frac{b}{a} = 0{,}6. \quad log\ sin\,B = \overline{1}{,}7781513$$

$$B = 36^\circ 52' 11'',64. \quad C = 53^\circ 7' 48'',36.$$

$$
\begin{array}{l}
b = c\ tg\,B \\
log\ c = 2{,}0791812 \\
log\ tg\,B = \overline{1}{,}8750613 \\
\hline
\overline{1}{,}9542425 \\
b = 90^m.
\end{array}
\qquad
\begin{array}{l}
\dfrac{b}{a} = 0{,}6 \\[4pt]
a = \dfrac{90}{0{,}6} = 150^m \\[4pt]
S = \dfrac{1}{2}\,bc = 5400^{mq}.
\end{array}
$$

155. *Quelle est la hauteur d'une tour qui donne* 96^m *d'ombre, lorsque le soleil est élevé de* $52^\circ 30'$ *au-dessus de l'horizon ?*

$$c = b \ tg\ C$$
$$\log b = 1,982\,271\,23$$
$$\log tg\,C = 0,115\,019\,5$$
$$\overline{\quad\quad 2,097\,290\,73 \quad}$$
$$c = 125^m,109\,.$$

156. *Quelle est la longueur de l'ombre projetée par un arbre de 15^m de haut lorsque le soleil est élevé de 37°30' au-dessus de l'horizon?*

$$b = c \ cot\,C$$
$$\log c = 1,176\,091\,3$$
$$\log cot\,C = 0,115\,019\,5$$
$$\overline{\quad\quad 1,291\,110\,8 \quad}$$
$$b = 19^m,548\,38\,.$$

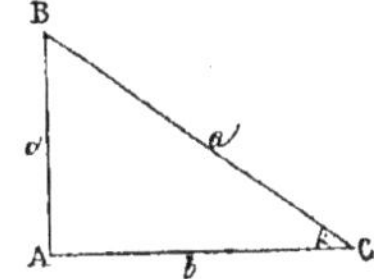

157. *Déterminer la hauteur du soleil lorsque l'ombre d'un style vertical exposé au soleil égale 2 fois $\frac{1}{2}$ la hauteur du style.*

(*Figure précédente.*) On cherche C, connaissant $b = 2,5$ et $c = 1$.   Or, $tg\,C = \dfrac{c}{b}$

$$\log tg\,C = \overline{L}\,b = \overline{1},397\,940\,01$$
$$C = 21°\,48'\,5'',07\,.$$

158. *Quelle est la hauteur du soleil lorsque l'ombre d'un objet vertical égale 1 fois $\frac{1}{2}$ sa hauteur?*

De même, $tg\,C = \dfrac{c}{b} = \dfrac{2}{3}\,.$

$$\log 2 - \log 3 = \overline{1},823\,908\,7\,.\quad C = 33°\,41'\,24'',24\,.$$

159. *Trouver la longueur d'une droite faisant un angle de 22°40', avec sa projection, dont la longueur est de 16^m,64.*

(*Même figure.*) $a = \dfrac{b}{cos\,C}$

$$log\ b = 1,221\,153\,3$$
$$\overline{L}\cos C = 0,034\,9101$$
$$\overline{1,256\,063\,4}$$
$$a = 18^{\mathrm{m}},032\,81.$$

160. *Un rectangle a* $120^{\mathrm{m}},40$ *de base, et* $70^{\mathrm{m}},18$ *de hauteur; quels sont les angles formés par la diagonale avec les côtés?*

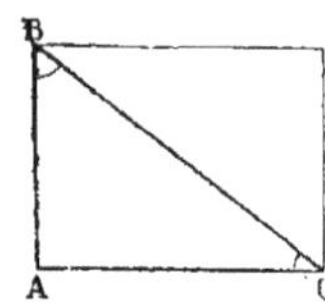

$$\frac{b}{c} = tg\,\mathrm{B} \quad \text{ou} \quad \frac{c}{b} = tg\,\mathrm{C}$$
$$log\ b = 2,080\,626\,5$$
$$log\ c = 1,846\,213\,4$$
$$\overline{0,234\,413\,1.}$$
$$\mathrm{B} = 59^{\mathrm{o}}45'45''; \quad \mathrm{C} = 30^{\mathrm{o}}14'15''.$$

161. *La diagonale d'un rectangle a* $68^{\mathrm{m}},42$, *l'angle qu'elle forme avec la base a* $24^{\mathrm{o}}18'$. *On demande la surface du rectangle.*

(*Figure précédente.*) $\quad \mathrm{S} = \frac{1}{2}a^2 \sin \mathrm{B} \cos \mathrm{B} = \frac{1}{2}a^2 \sin 2\mathrm{B}.$

$$2\ log\ a = 3,670\,366\,2 \qquad\qquad 2\ log\ a = 3,670\,366\,2$$
$$log\ \sin \mathrm{B} = \overline{1},614\,385\,0 \qquad log\ \sin 2\mathrm{B} = \overline{1},875\,125\,6$$
$$log\ \cos \mathrm{B} = \overline{1},959\,710\,6 \qquad\qquad \overline{L}2 = \overline{1},698\,97$$
$$\overline{\phantom{log\ \cos \mathrm{B} = }3,244\,461\,8} \qquad\qquad \overline{\phantom{log\ \sin 2\mathrm{B} = }3,244\,461\,8}$$
$$\mathrm{S} = 1\,755^{\mathrm{mq}},746\,5.$$

162. *Une corde sous-tendant un arc de* 82° *est à* 20^{m} *du centre; quelle est la longueur de cette corde?*

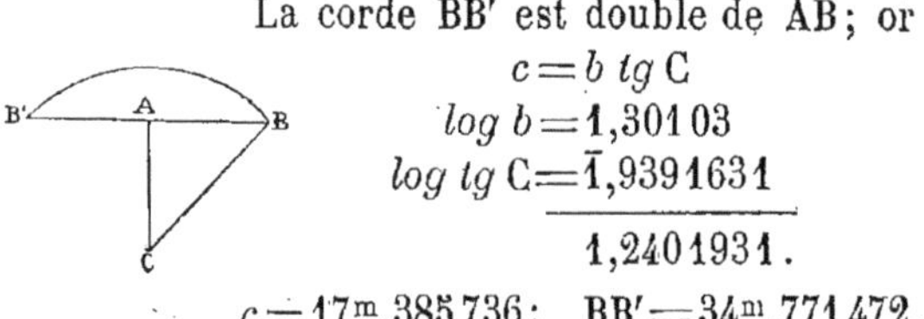

La corde BB′ est double de AB; or
$$c = b\ tg\,\mathrm{C}$$
$$log\ b = 1,301\,03$$
$$log\ tg\,\mathrm{C} = \overline{1},939\,163\,1$$
$$\overline{\phantom{log\ tg\,\mathrm{C} = }1,240\,193\,1.}$$
$$c = 17^{\mathrm{m}},385\,736; \quad \mathrm{BB}' = 34^{\mathrm{m}},771\,472.$$

163. *Dans un cercle de* $8^{\mathrm{m}}35$ *de rayon, quelle est la longueur de la corde d'un arc de* $17^{\mathrm{o}}8'$?

(*Même figure.*) $\quad\quad c = a \sin \mathrm{C}$

$$log\ a = 0{,}921\,686\,5$$
$$log\ sin\ C = \overline{1}{,}173\,069\,9$$
$$\overline{0{,}094\,756\,4}$$

$$b = 1^m{,}243\,8 ; \quad BB' = 2^m{,}487\,6.$$

164. *Dans un cercle de 72^m de rayon, quel est : 1° le poly-gone régulier inscrit dont le côté égale 25^m ; 2° quel est le périmètre de ce polygone ; 3° quel serait le rayon du cercle inscrit ?*

(*Même figure.*) $AB = 12{,}5 ; \quad BC = 72.$

$$sin\ C = \frac{c}{a}, \quad C = 10° ;$$

donc   1° 18 côtés ;   2° périmètre $= 18 \times 25 = 450^m$;

$$3° \ b = \sqrt{(a+b)(a-b)} = 70^m{,}90$$

165. *On trouve, après avoir parcouru 80 kilom. en ligne droite, qu'on a fait $43^k{,}25$ de plus vers le sud que vers l'est. Quelle direction a-t-on suivie ?*

Soit CS la direction du sud et CE celle de l'est ; on a suivi une direction intermédiaire $CB = 80$ kilom. Or, en formant le triangle rec-tangle BAC, on a la différence des côtés de l'angle droit égale $43^k{,}25$; et d'après la formule du problème 4°, page 55 :

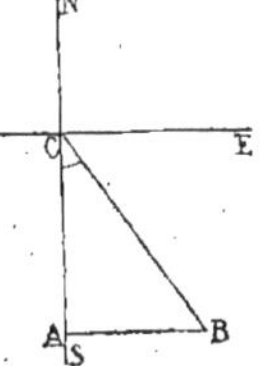

$$sin\ \frac{1}{2}(B - C) = \frac{d}{a\sqrt{2}}.$$

$$log\ d = 1{,}635\,9861$$
$$\overline{L}\ a = \overline{2}{,}096\,91$$
$$\overline{L}\ \sqrt{2} = \overline{1}{,}849\,4850$$
$$\overline{\overline{1}{,}582\,3811.}$$

$$\frac{1}{2}(B - C) = 22° \ 28' \ 29''{,}30$$

$$\frac{1}{2}(B + C) = 45°$$

$$\overline{C = 22° \ 31' \ 30''{,}7 ;}$$ à peu près S.-S.-E.

1*

166. *L'hypoténuse d'un triangle rectangle a* $4\,689^m,76$ *et la hauteur* $1\,830^m,24$. *Résoudre ce triangle.*

D'après le problème 2°, chapitre IV, applications du § 1er, page 55, on a :

$$b+c=\sqrt{a(a+2h)} \qquad b-c=\sqrt{a(a-2h)};$$
$$a+2h=8\,350,24$$
$$a-2h=1\,029,28.$$

$log\ a=3,671\,1506$	$log\ a=3,671\,1506$
$log\ (a+2h)=3,921\,6990$	$log\ (a-2h)=3,012\,5336$
$7,592\,8496$	$6,683\,6842$
$\frac{1}{2}=3,796\,4248$	$\frac{1}{2}=3,341\,8421$
$b+c=6\,257,8443$	$b-c=2197,0610$
$b=4227^m,4526$	$c=2030^m,3916.$

$$sin\ B=\frac{b}{a}.$$
$$log\ b=3,626\,0733$$
$$\overline{L}\ a=\overline{4},328\,8548$$
$$\overline{1},954\,9281.$$

$$B=64^o\ 20'\ 44'',2; \qquad C=25^o\ 39'\ 15'',8.$$

167. *La perpendiculaire abaissée de l'angle droit d'un triangle rectangle détermine sur l'hypoténuse deux segments :* $b'=3\,596,32$ *et* $c'=2\,465,15$. *Quels sont les éléments de ce triangle?*

$$a=b'+c'=6\,061,47$$
$$h=\sqrt{b'c'}$$
$$log\ b'=3,555\,8583$$
$$log\ c'=3,391\,8333$$
$$6,947\,7016$$
$$\frac{1}{2}=3,473\,8508$$
$$h=2\,977,4934.$$

On termine comme au problème précédent :

$$\left\{ \begin{array}{l} a+2h=12\,016,4568 \\ a-2h=106,4832 \end{array} \right.$$

$$\begin{array}{l|l}
log\ a = 3,7825779 & log\ a = 3,7825779 \\
log\ (a+2h) = 4,0797764 & log\ (a-2h) = 2,0272810 \\
\hline
7,8623543 & 5,8098589 \\
\dfrac{1}{2} = 3,9311771 & \dfrac{1}{2} = 2,9049294 \\
b+c = 8534,48 & b-c = \ \ \ 803,395 \\
b = 4668,937. & c = 3865,542.
\end{array}$$

$$sin\ B = \frac{b}{a}.$$

$$log\ sin\ B = 3,6692180 + \overline{4},2174221 = \overline{1},8866401$$

$$B = 50^\circ\ 22'\ 39'',7\ ; \qquad C = 39^\circ\ 37'\ 20'',3.$$

168. *Résoudre un triangle rectangle, connaissant* $a = 1\,346^m,24$, *et la différence des côtés de l'angle droit* $d = 824^m,746.$

$$Sin\ \frac{1}{2}(B-C) = \frac{d}{a\sqrt{2}}$$

$$\begin{array}{l}
log\ d = 2,9163202 \\
\overline{L}\ a = \overline{4},8708775 \\
\overline{L}\ \sqrt{2} = \overline{1},8494850 \\
\hline
\overline{1},6366827
\end{array}$$

$$\frac{1}{2}(B-C) = 25^\circ\ 40'\ 13'',62$$

$$\frac{1}{2}(B+C) = 45^\circ$$

$$\begin{array}{l|l}
B = 70^\circ\ 40'\ 13'',62\ ; & C = 19^\circ\ 19'\ 46'',38. \\
b = a\ sin\ B & c = a\ cos\ B \\
log\ a = 3,1291225 & log\ a = 3,1291225 \\
log\ sin\ B = \overline{1},9748018 & log\ cos\ B = \overline{1},5198295 \\
\hline
3,1039243 & 2,6489520 \\
b = 1270^m,3526. & c = \ \ \ 445^m,6069.
\end{array}$$

169. *L'hypoténuse d'un triangle rectangle égale* $4\,320^m,42$, *et le rayon du cercle inscrit* $r = 789^m,36$. *Résoudre ce triangle.*

(Chap. IV, § 1er, probl. 5.)

$$Cos \, \tfrac{1}{2}(B-C) = \frac{a+2r}{a\sqrt{2}}$$

$$a+2r = 5\,899,14$$
$$log\,(a+2r) = 3,770\,7887$$
$$\overline{L}\,a = \overline{4},364\,4740$$
$$L\sqrt{2} = \overline{1},849\,4850$$
$$\overline{1},984\,7477.$$

$$\tfrac{1}{2}(B-C) = 15^\circ\,5'\,46'',35$$

$$\tfrac{1}{2}(B+C) = 45^\circ$$

$B = 60^\circ\,5'\,46'',35\,;$	$C = 29^\circ\,54'\,13'',65.$
$b = a\,sin\,B$	$c = a\,cos\,B$
$log\,a = 3,635\,5260$	$log\,a = 3,635\,5260$
$log\,sin\,B = \overline{1},937\,9508$	$log\,cos\,B = \overline{1},697\,7044$
$3,573\,4768$	$3,333\,2304$
$b = 3745^m,2152$	$c = 2153^m,9249.$

170. *La somme des côtés de l'angle droit d'un triangle rectangle est de* $6\,642^m,777$; *on demande de résoudre ce triangle, sachant que l'hypoténuse a* $4765^m,35$.

$$Cos\,\tfrac{1}{2}(B-C) = \frac{b+c}{a\sqrt{2}}$$

$$log\,(b+c) = 3,822\,3497$$
$$\overline{L}\,a = \overline{4},321\,9052$$
$$\overline{L}\sqrt{2} = \overline{1},849\,4850$$
$$\overline{1},993\,6399$$

$$\tfrac{1}{2}(B-C) = 9^\circ\,42'\,17'',83$$

$$\tfrac{1}{2}(B+C) = 45^\circ$$

$B = 54^\circ\,42'\,17'',83\,;$	$C = 35^\circ\,17'\,42'',17.$
$b = a\,sin\,B$	$c = a\,cos\,B$
$log\,a = 3,678\,0948$	$log\,a = 3,678\,0948$
$log\,sin\,B = \overline{1},911\,7899$	$log\,cos\,B = \overline{1},760\,7679$
$3,589\,8847$	$3,439\,8627$
$b = 3\,889^m,419.$	$c = 2753^m,358.$

Triangles quelconques.

1er Cas. 171.

$$\text{Données} \begin{cases} A = 32^\circ\,57' \\ B = 123^\circ \\ a = 117^m,80. \end{cases}$$

$$\text{'C} = 180^\circ - (A + B) = 24^\circ\,3'.$$

$$\text{Formules} \begin{cases} b = \dfrac{a\,\sin B}{\sin A} \\ c = \dfrac{a\cdot\sin C}{\sin A} \end{cases}$$

Calcul de b.

$$\begin{aligned} log\ a &= 2{,}0711453 \\ log\ sin\ B &= \overline{1}{,}9235914 \\ \overline{L}\ sin\ A &= 0{,}2644754 \\ \hline &\ 2{,}2592121 \\ b &= 181^m{,}643. \end{aligned}$$

Calcul de c.

$$\begin{aligned} log\ a &= 2{,}0711453 \\ log\ sin\ C &= \overline{1}{,}6101635 \\ \overline{L}\ sin\ A &= 0{,}2644754 \\ \hline &\ 1{,}9457842 \\ c &= 88^m{,}264. \end{aligned}$$

$$S = \frac{1}{2} a^2\,\frac{\sin B\ \sin C}{\sin A}.$$

$$log\ S = 3{,}6394906; \qquad S = 4360^{mq}{,}044.$$

172.

$$\text{Données} \begin{cases} A = 138^\circ\,31' \\ B = 33^\circ\,17' \\ c = 14^m,76. \end{cases}$$

$$C = 180^\circ - (A + B) = 8^\circ\,12'.$$

$$b = \frac{c\,\sin B}{\sin C}$$

$$\begin{aligned} log\ c &= 1{,}1690864 \\ log\ sin\ B &= \overline{1}{,}7393980 \\ \overline{L}\ sin\ C &= 0{,}8457924 \\ \hline &\ 1{,}7542768 \\ b &= 56{,}^m79064. \end{aligned}$$

$$a = \frac{c\,\sin A}{\sin C}$$

$$\begin{aligned} log\ c &= 1{,}1690864 \\ log\ sin\ A &= \overline{1}{,}8211217 \\ \overline{L}\ sin\ C &= 0{,}8457924 \\ \hline &\ 1{,}8360005 \\ a &= 68^m{,}54890. \end{aligned}$$

$$S = \frac{1}{2} c^2\,\frac{\sin A\ \sin B}{\sin C}$$

$$\bar{L}2 = \bar{1},69897$$
$$2\ log\ c = 2,3381728$$
$$log\ sin\ A = \bar{1},8211217$$
$$log\ sin\ B = \bar{1},7393980$$
$$\bar{L}\ sin\ C = 0,8457924$$
$$\overline{\qquad\qquad\qquad}$$
$$2,4434549$$
$$S = 277^{mq},6227.$$

173.

$$\text{Données} \begin{cases} A = 72^{\circ}\ 17' \\ B = 48^{\circ}\ 12' \\ c = 560^{m},40. \end{cases}$$

$$C = 180^{\circ} - (A+B) = 59^{\circ}\ 31'.$$

$$b = \frac{c\ sin\ B}{sin\ C} \qquad\qquad a = \frac{c\ sin\ A}{sin\ C}$$

$log.\ c = 2,7484981$	$log\ c = 2,7484981$
$log\ sin\ B = \bar{1},8724337$	$log\ sin\ A = \bar{1},9788983$
$\bar{L}\ sin\ C = 0,0646052$	$\bar{L}\ sin\ C = 0,0646052$
$2,6855370$	$2,7920016$
$b = 484^{m},77144.$	$a = 619^{m},44343.$

$$S = \frac{1}{2}c^2\ \frac{sin\ A\ sin\ B}{sin\ C}$$

$$\bar{L}2 = \bar{1},69897$$
$$2\ log\ c = 5,4969962$$
$$log\ sin\ A = \bar{1},9788983$$
$$log\ sin\ B = \bar{1},8724337$$
$$\bar{L}\ sin\ C = 0,0646052$$
$$\overline{\qquad\qquad\qquad}$$
$$5,1119034$$
$$S = 129390,^{mq}80.$$

174.

$$\text{Données} \begin{cases} A = 57^{\circ}\ 32'\ 7'',6 \\ B = 73^{\circ}\ 42'\ 50'' \\ a = 25432^{m},46. \end{cases}$$

$$C = 180^{\circ} - (A+B) = 48^{\circ}\ 45'\ 2'',4.$$

$$b = \frac{a\ sin\ B}{sin\ A} \qquad\qquad c = \frac{a\ sin\ C}{sin\ A}$$

$log\ a = 4,4053883$	$log\ a = 4,4053883$
$log\ sin\ B = \bar{1},9822139$	$log\ sin\ C = \bar{1},8761297$
$\bar{L}\ sin\ A = 0,0737998$	$\bar{L}\ sin\ A = 0,0737998$
$4,4614020$	$4,3553178$
$b = 28933^{m},566.$	$c = 22663^{m},021.$

$$S = \frac{1}{2}a^2 \frac{\sin B \; \sin C}{\sin A}$$

$$\bar{L}2 = \bar{1},69897$$
$$2 \; log \; a = 8,8107766$$
$$log \; \sin B = \bar{1},9822139$$
$$log \; \sin C = \bar{1},8761297$$
$$\bar{L} \; \sin A = 0,0737998$$

$$8,4418900$$

$$S = 276624000^{mq}.$$

175.

$$\text{Données} \begin{cases} A = 74° \; 53' \; 33'',8 \\ B = 47° \; 17' \; 3'',2 \\ c = 56894^m,60. \end{cases}$$

(Saint-Cyr, 1852.)

$$C = 180° - (A + B) = 57° \; 49' \; 23''.$$

$b = \dfrac{c \; \sin B}{\sin C}$	$a = \dfrac{c \; \sin A}{\sin C}$
$log \; c = 4,7550711$	$log \; c = 4,7550711$
$log \; \sin B = \bar{1},8661265$	$log \; \sin A = \bar{1},9847250$
$\bar{L} \; \sin C = 0,0724205$	$\bar{L} \; \sin C = 0,0724205$
$4,6936181$	$4,8122166$
$b = 49387^m,622.$	$a = 64895^m,81.$

$$S = \frac{1}{2}c^2 \frac{\sin A \; \sin B}{\sin C}$$

$$\bar{L}2 = \bar{1},69897$$
$$2 \; log \; c = 9,5101422$$
$$log \; \sin A = \bar{1},9847250$$
$$log \; \sin B = \bar{1},8661265$$
$$\bar{L} \; \sin C = 0,0724205$$

$$9,1323842$$

$$S = 1356388000^{mq}.$$

176.

$$\text{Données} \begin{cases} B = 79° \; 50' \; 39'' \\ C = 64° \; 25' \; 48'' \\ a = 439^m,258. \end{cases}$$

(Saint-Cyr, 1849.)

$$A = 180° - (B + C) = 35° 43' 33''.$$

$$b = \frac{a \, \sin B}{\sin A} \qquad\qquad c = \frac{a \, \sin C}{\sin A}$$

$$\begin{aligned}
log \; a &= 2,6427197 & \qquad log \; a &= 2,6427197 \\
log \; \sin B &= \bar{1},9931415 & log \; \sin C &= \bar{1},9552348 \\
\bar{L} \, \sin A &= 0,2336561 & \bar{L} \, \sin A &= 0,2336561 \\
\hline
&2,8695173 & &2,8316106 \\
b &= 740^{m},48685 & c &= 678,^{m}5947.
\end{aligned}$$

$$S = \frac{1}{2} a^2 \frac{\sin B \, \sin C}{\sin A}$$

$$\begin{aligned}
\bar{L} 2 &= \bar{1},69897 \\
2 \; log \; a &= 5,2854394 \\
log \; \sin B &= \bar{1},9931415 \\
log \; \sin C &= \bar{1},9552348 \\
\bar{L} \, \sin A &= 0,2336551 \\
\hline
&5,1664418
\end{aligned}$$

$$S = 146703^{mq},95.$$

2ᵉ Cas. 177.

$$\text{Données} \begin{cases} a = 105^{m} \\ b = 110^{m} \\ A = 58°. \end{cases}$$

$$\text{Formules} \begin{cases} \sin B = \dfrac{b \, \sin A}{a} \\ C = 180° - (A + B) \\ c = \dfrac{a \, \sin C}{\sin A}. \end{cases}$$

Calcul de B.

$$\begin{aligned}
log \; b &= 2,04139269 \\
log \; \sin A &= \bar{1},9284205 \\
\bar{L} \, a &= \bar{3},97881069 \\
\hline
&\bar{1},94862388.
\end{aligned}$$

$$B = 62° 40' (36'',45) \quad \text{ou} \quad 117° 19' (23'',55)$$

d'où $\quad C = 59° 20' \qquad\qquad\qquad 4° 40'.$

(Dans ce premier exemple, afin de simplifier un peu les calculs, le reste de l'opération a été fait sans tenir compte des secondes.)

$$1^{\text{re}} \text{ Solution.} \qquad 2^{\text{e}} \text{ Solution.}$$

$$
\begin{array}{lll}
log\ a = 2,021\,1893 & & 2,021\,1893 \\
log\ sin\ \text{C} = \overline{1},934\,5738 & \text{ou} & \overline{2},910\,4039 \\
\overline{\text{L}}\ sin\ \text{A} = 0,071\,5794 & & 0,071\,5794 \\
\hline
2,027\,3425 & & 1,003\,1726.
\end{array}
$$

$$c = 106^{\text{m}},50 \quad \text{ou} \quad 10^{\text{m}},073.$$

Calcul de la surface $\quad \text{S} = \dfrac{1}{2}\,ab\ sin\ \text{C}.$

$$
\begin{array}{lll}
\overline{\text{L}}2 = \overline{1},698\,97 & & \overline{1},698\,97 \\
log\ a = 2,021\,1893 & & 2,021\,1893 \\
log\ b = 2,041\,3927 & \text{ou} & 2,041\,3927 \\
log\ sin\ \text{C} = \overline{1},934\,5738 & & \overline{2},910\,4039 \\
\hline
3,696\,1258 & & 2,671\,9559
\end{array}
$$

$$\text{S} = 4\,966^{\text{mq}},84 \quad \text{ou} \quad 479^{\text{mq}},80.$$

178. $\qquad\qquad$ Données $\begin{cases} a = 85^{\text{m}},48 \\ c = 38^{\text{m}},85 \\ \text{C} = 15^{\circ}\ 25'. \end{cases}$

$$sin\ \text{A} = \frac{a\ sin\ \text{C}}{c}$$

$$
\begin{array}{l}
log\ a = 1,931\,4579 \\
log\ sin\ \text{C} = \overline{1},424\,6147 \\
\overline{\text{L}}c = \overline{2},410\,6090 \\
\hline
1,766\,6816.
\end{array}
$$

A $= 35^{\circ}\ 45'\ (28'',41)$ ou $144^{\circ}\ 15'$; d'où B $= 128^{\circ}\ 50'$ ou $20^{\circ}\ 20'$ (en négligeant les secondes).

$$b = \frac{c\ sin\ \text{B}}{sin\ \text{C}}.$$

$$
\begin{array}{lll}
log\ c = 1,589\,3910 & & 1,589\,3910 \\
log\ sin\ \text{B} = \overline{1},891\,5707 & \text{ou} & \overline{1},540\,9314 \\
\overline{\text{L}}\ sin\ \text{C} = 0,575\,3853 & & 0,575\,3853 \\
\hline
2,056\,3470 & & 1,705\,7077
\end{array}
$$

$$b = 113^{\text{m}},8536 \quad \text{ou} \quad 50^{\text{m}},786.$$

$$S = \frac{1}{2}\, ac\, sin\, B.$$

$$
\begin{aligned}
\overline{L}2 &= \overline{1},69897 & \overline{1},69897 \\
log\ a &= 1,9314579 & 1,9314579 \\
log\ c &= 1,5893910 & 1,5893910 \\
log\ sin\ B &= \overline{1},8915707 \quad \text{ou} & \overline{1},5409314 \\
\hline
&\ 3,1113896 & 2,7607503.
\end{aligned}
$$

$$S = 1292^{mq},3783 \quad \text{ou} \quad 577^{mq},36.$$

179.
$$\text{Données} \begin{cases} b = 53^m,60\,. \\ c = 35^m,20\,. \\ B = 71^\circ 15'. \end{cases}$$

$$sin\ C = \frac{c\ sin\ B}{b}$$

$$
\begin{aligned}
log\ c &= 1,5465427 \\
log\ sin\ B &= \overline{1},9763179 \\
\overline{L}\,b &= \overline{2},2708352 \\
\hline
& \overline{1},7936958
\end{aligned}
$$

$$C = 38^\circ 27' 8'',71\,; \quad \text{d'où} \quad A = 70^\circ 17' 51'',29\,.$$

$$a = \frac{c\ sin\,A}{sin\ C} \qquad\qquad S = \frac{1}{2}\,bc\ sin\,A$$

$$
\begin{aligned}
log\ c &= 0,5465427 & \overline{L}2 &= \overline{1},69897 \\
log\ sin\,A &= \overline{1},9738001 & log\ b &= 1,7291648 \\
\overline{L}\,sin\,C &= 0,2063042 & log\ c &= 1,5465427 \\
\hline
& 1,7266370 & log\ sin\,A &= \overline{1},9738001 \\
& & \hline
& & & 2,9484776 \\
a &= 53^m,29016\,. & S &= 888^{mq},1322\,.
\end{aligned}
$$

180.
$$\text{Données} \begin{cases} a = 65782^m,60\,. \\ b = 98045^m,60\,. \\ A = 28^\circ 51' 48'',6\,. \end{cases}$$

$$(\textit{École navale}\,,\ 1853.)$$

$$sin\,B = \frac{b\ sin\,A}{a}$$

$$
\begin{aligned}
log\ b &= 4,9914281 \\
log\ sin\,A &= \overline{1},6836995 \\
\overline{L}\,a &= \overline{5},1818229 \\
\hline
& \overline{1},8569505
\end{aligned}
$$

$$B = 46°0'8'',10 \quad \text{ou} \quad 133°59'52'';$$

d'où $\qquad C = 105°8'3'',30 \quad \text{ou} \quad 17°\ 8'19''4.$

$$c = \frac{b\,sin\,C}{sin\,B}$$

$$
\begin{array}{lll}
log\,b = 4{,}9914281 & & 4{,}9914281 \\
log\,sin\,C = \overline{1}{,}9846698 & \text{ou} & \overline{1}{,}4693597 \\
\overline{L}\,sin\,B = 0{,}1430495 & & 0{,}1430495 \\
\hline
5{,}1191474 & \text{ou} & 4{,}6038373
\end{array}
$$

$$c = 131567^{m}{,}12 \quad \text{ou} \quad 40164^{m}{,}04.$$

$$S = \frac{1}{2}\,a\,b\,sin\,C$$

$$
\begin{array}{lll}
\overline{L}2 = \overline{1}{,}69897 & & \overline{1}{,}69897 \\
log\,a = 4{,}8181771 & & 4{,}8181771 \\
log\,b = 4{,}9914281 & & 4{,}9914281 \\
log\,sin\,C = \overline{1}{,}9846698 & \text{ou} & \overline{1}{,}4693597 \\
\hline
9{,}4932450 & & 8{,}9779349
\end{array}
$$

$$S = 3113472000^{mq} \quad \text{ou} \quad 950462700^{mq}.$$

3e **Cas.** 181.

Données $\begin{cases} a = 167^{m}. \\ b = 145^{m}. \\ C = 54°. \end{cases}$

Calculs auxiliaires $\begin{cases} a+b = 312; \quad a-b = 22. \\ \frac{1}{2}C = 27°; \quad \frac{1}{2}(A+B) = 63°. \end{cases}$

Formules $\begin{cases} tg\,\frac{1}{2}(A-B) = \dfrac{a-b}{a+b}\,cot\,\frac{1}{2}C. \\ c = \dfrac{a\,sin\,C}{sin\,A}. \end{cases}$

Calcul des angles A et B.

$$log\,(a-b) = 1{,}3424227$$
$$\overline{L}(a+b) = \overline{3}{,}5058454$$
$$log\,cot\,\frac{1}{2}C = 0{,}2928341$$
$$\hline$$
$$\overline{1}{,}1411022$$

$$\tfrac{1}{2}(A-B)=7°52'44'',66\,;$$

Or $\tfrac{1}{2}(A+B)=63°.$

$$\begin{cases} A=70°52'44'',66. \\ B=55°\ 7'15'',34. \end{cases}$$

Calcul de c.	Calcul de $S=\tfrac{1}{2}ab\,\sin C.$
$log\ a=2,2227165$	$L\,2=\overline{1},69897$
$log\ \sin C=\overline{1},9079576$	$log\ a=2,2227165$
$\overline{L}\sin A=0,0246467$	$log\ b=2,1613680$
	$log\ \sin C=\overline{1},9079576$
$2,1553208$	
$c=142^m,995$	$3,9910121$
Soit $143^m.$	$S=9795^{mq},1722.$

182.

Données $\begin{cases} a=203^m,20. \\ b=215,40. \\ C=72°10'. \end{cases}$

$$b+a=418,60\,;\quad b-a=12,20\,;\quad \tfrac{1}{2}C=36°5'.$$

$$tg\,\tfrac{1}{2}(B-A)=\frac{b-a}{b+a}\,cot\,\frac{C}{2}.$$

$$log\,(b-a)=1,0863598$$

$$\overline{L}(b+a)=\overline{3},3782008$$

$$log\,cot\,\tfrac{1}{2}C=0,1374113$$

$$\overline{1},6019719$$

$$\tfrac{1}{2}(B-A)=2°17'31'',12.$$

Or $\qquad \tfrac{1}{2}(B+A)=53°55'$

$$\begin{cases} B=56°12'31'',12. \\ A=51°37'28'',88. \end{cases}$$

$$c = \frac{a \sin C}{\sin A}$$

$$log\, a = 2,307\,9237$$
$$log\, \sin C = \overline{1},978\,6148$$
$$\overline{L}\, \sin A = 0,105\,705\,6$$
$$\overline{\qquad 2,392\,2441}$$

$$c = 245^m,6111.$$

$$S = \frac{1}{2} ab \sin C$$

$$\overline{L}2 = \overline{1},698\,97$$
$$log\, a = 2,307\,9237$$
$$log\, b = 2,333\,2457$$
$$log\, \sin C = \overline{1},978\,6148$$
$$\overline{\qquad 4,318\,7542}$$

$$S = 20\,833,^{mq}114.$$

183.

$$\text{Données} \begin{cases} b = 61\,686^m,54. \\ c = 51\,956^m,90. \\ A = 24^\circ 26' 56''. \end{cases}$$

$$b+c = 113\,643,44; \quad b-c = 9729,64; \quad \tfrac{1}{2}A = 12^\circ 13' 28''.$$

$$tg\, \frac{1}{2}(B-C) = \frac{b-c}{b+c}\, cot\, \frac{A}{2}.$$

$$log\,(b-c) = 3,988\,0968$$
$$\overline{L}(b+c) = \overline{6},944\,4557$$
$$log\, cot\, \frac{1}{2}A = 0,664\,2325$$
$$\overline{\qquad\qquad\qquad}$$
$$\overline{1},596\,7850$$

$$\frac{1}{2}(B-C) = 21^\circ 33' 47'',97$$
$$\frac{1}{2}(B+C) = 77^\circ 46' 32''$$

$$B = 99^\circ 20' 16'',97$$
$$C = 56^\circ 12' 47'',03.$$

$$a = \frac{c \sin A}{\sin C}$$

$$log\, c = 4,715\,6433$$
$$log\, \sin A = \overline{1},616\,8759$$
$$\overline{L}\, \sin C = 0,080\,3408$$
$$\overline{\qquad 4,412\,8600}$$

$$a = 25\,873^m,783.$$

$$S = \frac{1}{2} bc \sin A$$

$$\overline{L}2 = \overline{1},698\,97$$
$$log\, b = 4,790\,1904$$
$$log\, c = 4,715\,6433$$
$$log\, \sin A = \overline{1},616\,8759$$
$$\overline{\qquad 8,821\,6796}$$

$$S = 663\,253\,500^{mq}.$$

184.

$$\text{Données} \begin{cases} b = 1\,109,75. \\ c = 1\,489,62. \\ A = 47^\circ 9' 50''. \quad (\textit{École navale.}) \end{cases}$$

$$c + b = 2599,37; \quad c - b = 379,87; \quad \tfrac{1}{2}A = 23^\circ 34' 55''.$$

$$tg\,\tfrac{1}{2}(C - B) = \frac{c - b}{c + b}\,cot\,\frac{A}{2}.$$

$$log(c - b) = 2,579\,635\,0$$
$$\overline{L}(c + b) = \overline{4},585\,131\,9$$
$$log\,cot\,\tfrac{1}{2}A = 0,360\,001\,8$$
$$\overline{}$$
$$\overline{1},524\,768\,7$$

$$\tfrac{1}{2}(B - C) = 18^\circ 30' 35'',57 \begin{cases} B = 47^\circ 54' 29'',43. \\ \\ C = 84^\circ 55' 40'',57. \end{cases}$$
$$\tfrac{1}{2}(B + C) = 66^\circ 25' 5''$$

$$a = \frac{b\,sin\,A}{sin\,B} = \frac{c\,sin\,A}{sin\,C}$$

$log\,b = 3,045\,225\,2$	$log\,c = 3,173\,075\,5$
$log\,sin\,A = \overline{1},865\,282\,6$	$log\,sin\,A = \overline{1},865\,282\,6$
$\overline{L}\,sin\,B = 0,129\,554\,3$	$\overline{L}\,sin\,C = 0,001\,704\,0$
$3,040\,062\,1$	$3,040\,062\,1$

$$a = 1\,096^m,635.$$

$$S = \tfrac{1}{2}\,b\,c\,sin\,A$$

$$\overline{L}\,2 = \overline{1},698\,97$$
$$log\,b = 3,045\,225\,2$$
$$log\,c = 3,173\,075\,5$$
$$log\,sin\,A = \overline{1},865\,282\,6$$
$$\overline{}$$
$$5,782\,553\,3$$

$$S = 606\,112^{mq},70.$$

4ᵉ Cas. 185.

$$\text{Données} \begin{cases} a = 75^m. \\ b = 92^m. \\ c = 107^m. \end{cases}$$

$$\text{Formules} \begin{cases} r = \dfrac{\sqrt{(p-a)(p-b)(p-c)}}{p} \;.\; tg\frac{1}{2}A = \dfrac{r}{p-a}\,; \\[2mm] tg\frac{1}{2}B = \dfrac{r}{p-b}\,;\quad tg\frac{1}{2}C = \dfrac{r}{p-c}\;.\; S = pr. \end{cases}$$

$$\text{Calculs auxiliaires} \begin{cases} p = 137 \quad \text{son } log. \text{ est } 2,1367206 \\ p - a = 62 \qquad - \qquad\quad 1,7923917 \\ p - b = 45 \qquad - \qquad\quad 1,6532125 \\ p - c = 30 \qquad - \qquad\quad 1,4771213 \\ \hline 2\,log\,r = 2,7860049 \end{cases}$$

$$log\,r = 1,3930024$$

Calcul de A	Calcul de C
$log\,r = 1,3930024$	$log\,r = 1,3930024$
$\overline{L}(p-a) = \overline{2},2076083$	$\overline{L}(p-c) = \overline{2},5228787$
$\overline{1},6006107$	$\overline{1},9158811$
$\frac{1}{2}A = 21°44'8''$	$\frac{1}{2}C = 39°29'8''$
$A = 43°28'16''.$	$C = 78°58'16''.$
Calcul de B	Calcul de S
$log\,r = 1,3930024$	$log\,p = 2,1367206$
$\overline{L}(p-b) = \overline{2},3467875$	$log\,r = 1,3930024$
$\overline{1},7397899$	$3,5297230$
$\frac{1}{2}B = 28°46'44''$	$S = 3386^{mq},2815$
$B = 57°33'28''.$	Vérification : $A + B + C = 180°.$

186.

$$\text{Données} \begin{cases} a = 543^m,90. \\ b = 597^m,60. \\ c = 625^m,90. \end{cases}$$

$$
\begin{array}{lll}
p = 883,70 \text{ le } logarith. \text{ est } & 2,9463049 \\
p - a = 339,80 \qquad - & 2,5312234 \\
p - b = 286,10 \qquad - & 2,4565179 \\
p - c = 257,80 \qquad - & 2,4112829 \\
\hline
log\,2r = 4,4527193 \\
log\,r = 2,2263596.
\end{array}
$$

$$tg\,\tfrac{1}{2}A = \frac{r}{p-r}$$

$$\begin{aligned}
log\,r &= 2,2263596\\
\overline{L}(p-a) &= \overline{3},4687766
\end{aligned}$$

$$\overline{1},6951362$$

$$\tfrac{1}{2}A = 26°21'47'',8$$

$$A = 52°43'35'',6.$$

$$tg\,\tfrac{1}{1}B = \frac{r}{p-b}$$

$$\begin{aligned}
log\,r &= 2,2263596\\
\overline{L}(p-b) &= \overline{3},5434821
\end{aligned}$$

$$1,7698417$$

$$\tfrac{1}{2}B = 30°28'56'',3$$

$$B = 60°57'52'',6.$$

$$tg\,\tfrac{1}{2}C = \frac{r}{p-c}$$

$$\begin{aligned}
log\,r &= 2,2263596\\
\overline{L}(p-c) &= \overline{3},5887171
\end{aligned}$$

$$1,8150767$$

$$\tfrac{1}{2}C = 33°9'15'',9$$

$$C = 66°18'31'',8.$$

$$S = pr$$

$$\begin{aligned}
log\,r &= 2,2263596\\
log\,p &= 2,9463049
\end{aligned}$$

$$5,1726645$$

$$S = 148821^{mq},10$$

Vérification : $A+B+C = 180°.$

187.

Données $\begin{cases} a = 456^m,40.\\ b = 518^m,50.\\ c = 592^m,30. \end{cases}$

$$\begin{aligned}
p &= 783,6 \quad \text{son } log. \text{ est} \quad 2,8940944\\
p-a &= 387,2 \qquad - \qquad 2,5148133\\
p-b &= 265,1 \qquad - \qquad 2,4234097\\
p-c &= 191,3 \qquad - \qquad 2,2817150
\end{aligned}$$

$$log\,2r = 4,3258436$$
$$log\,r = 2,1629218$$

Calcul de A

$$\begin{aligned}
log\,r &= 2,1629218\\
\overline{L}(p-a) &= \overline{3},4851867
\end{aligned}$$

$$\overline{1},6481085$$

$$\tfrac{1}{2}A = 23°58'36'',26$$

$$A = 47°57'12'',52.$$

Calcul de C

$$\begin{aligned}
log\,r &= 2,1629218\\
\overline{L}(p-c) &= \overline{3},7182850
\end{aligned}$$

$$\overline{1},8212068$$

$$\tfrac{1}{2}C = 37°15'35'',38$$

$$C = 74°31'10'',76.$$

Calcul de B

$$log\ r = 2,162\,921\,8$$
$$\overline{L}(p-b) = \overline{3},576\,590\,3$$
$$\overline{1},739\,512\,1$$

$$\tfrac{1}{2}B = 28°\,45'\,45'',36$$

$$B = 57°\,31'\,36'',72$$

Calcul de S

$$log\ p = 2,894\,094\,4$$
$$log\ r = 2,162\,921\,8$$
$$5,057\,016\,2$$

$$S = 114\,029^{mq},231$$

Vérification : $A + B + C = 180°$.

188.

Données $\begin{cases} a = 567^m,37. \\ b = 419^m,85. \\ c = 354^m,63. \end{cases}$

$$p = 670,925 \quad \text{le } log. \text{ est} \quad 2,826\,693\,95$$
$$p - a = 103,555 \quad\quad - \quad\quad 2,015\,171\,05$$
$$p - b = 251,075 \quad\quad - \quad\quad 2,399\,803\,45$$
$$p - c = 316,295 \quad\quad - \quad\quad 2,500\,092\,35$$

$$log\ 2r = 4,088\,392\,90$$
$$log\ r = 2,044\,196\,45.$$

Calcul de A

$$log\ r = 2,044\,196\,45$$
$$\overline{L}(p-a) = \overline{3},984\,828\,95$$
$$0,029\,025\,4$$

$$\tfrac{1}{2}A = 46°\,54'\,47'',6.$$

$$A = 93°\,49'\,35'',2.$$

Calcul de C

$$log\ r = 2,044\,196\,45$$
$$\overline{L}(p-c) = \overline{3},499\,907\,65$$
$$\overline{1},544\,104\,1$$

$$\tfrac{1}{2}C = 19°\,17'\,29'',5$$

$$C = 38°\,34'\,59''.$$

Calcul de B

$$log\ r = 2,044\,196\,45$$
$$\overline{L}(p-b) = \overline{3},600\,196\,55$$
$$\overline{1},644\,393\,0$$

$$\tfrac{1}{2}B = 23°\,47'\,42'',9$$

$$B = 47°\,35'\,25'',8.$$

Calcul de S

$$log\ p = 2,826\,673\,95$$
$$log\ r = 2,044\,196\,45$$
$$4,870\,870\,4$$

$$S = 72\,279^{mq},76$$

Vérification : $A + B + C = 180°$.

189.

Données $\begin{cases} A = 123°. \\ a = 181^m,60. \\ b - c = 29^m,54. \end{cases}$

Les rapports égaux $\dfrac{b}{sin\,\mathrm{B}}=\dfrac{c}{sin\,\mathrm{C}}=\dfrac{a}{sin\,\mathrm{A}}$ donnent :

$$\frac{b-c}{sin\,\mathrm{B}-sin\,\mathrm{C}}=\frac{a}{sin\,\mathrm{A}}\,;$$

d'où $\qquad \dfrac{b-c}{a}$ ou $\dfrac{d}{a}=\dfrac{2\,sin\frac{1}{2}(\mathrm{B}-\mathrm{C})\,cos\frac{1}{2}(\mathrm{B}+\mathrm{C})}{2\,sin\frac{1}{2}\mathrm{A}\,cos\frac{1}{2}\mathrm{A}}$

ou $\quad \dfrac{d}{a}=\dfrac{sin\frac{1}{2}(\mathrm{B}-\mathrm{C})}{cos\frac{1}{2}\mathrm{A}}\,;$ d'où $sin\frac{1}{2}(\mathrm{B}-\mathrm{C})=\dfrac{d\,cos\frac{1}{2}\mathrm{A}}{a}\cdot$

$$log\ d=1{,}470\,410\,5$$
$$log\ cos\frac{1}{2}\mathrm{A}=\overline{1}{,}678\,662\,9$$
$$\overline{\mathrm{L}}a=\overline{3}{,}740\,8842$$
$$\overline{\phantom{\mathrm{L}a=}2{,}889\,957\,6}.$$

$$\frac{1}{2}(\mathrm{B}-\mathrm{C})=\ 4°\,27' \quad\left\{\begin{array}{l}\mathrm{B}=32°\,57'\\[4pt]\mathrm{C}=24°\,3'\end{array}\right.$$
$$\frac{1}{2}(\mathrm{B}+\mathrm{C})=28°\,30'$$

(Voir, pour le reste de l'opération, le problème 174 ; les données sont les mêmes.)

$$b=117^{\mathrm{m}}{,}80\,;\quad c=88^{\mathrm{m}}{,}26\,;\quad \mathrm{S}=4360^{\mathrm{mq}}.$$

190. $\qquad\qquad$ Données $\left\{\begin{array}{l}\mathrm{A}=58°.\\ a=105^{\mathrm{m}}.\\ b+c=216^{\mathrm{m}}{,}50.\end{array}\right.$

Le même raisonnement donne : $cos\frac{1}{2}(\mathrm{B}-\mathrm{C})=\dfrac{s\,sin\frac{1}{2}\mathrm{A}}{a}\cdot$

$$log\ s=2{,}335\,457\,9$$
$$log\ sin\frac{1}{2}\mathrm{A}=\overline{1}{,}685\,571\,2$$
$$\overline{\mathrm{L}}a=\overline{3}{,}978\,810\,7$$
$$\overline{}$$

$\overline{1}{,}999\,839\,8\ ;\ \frac{1}{2}(\mathrm{B}-\mathrm{C})=1°\,34'\,;$ or, $\frac{1}{2}(\mathrm{B}+\mathrm{C})=61°,$

donc $\mathrm{B}=62°\,34',\quad \mathrm{C}=59°\,26'$ (Le reste au problème 177),
$b=110^{\mathrm{m}},\quad c=106^{\mathrm{m}}{,}5,$ etc.

EXERCICES DU CHAPITRE V

191. *L'angle d'élévation du sommet d'une tour verticale est de 43° 15′ à 72^m de la tour. Quelle en est la hauteur, l'œil de l'observateur étant à 1^m,10 au-dessus du sol?*

$$b = ctg\ B$$
$$log\ c = 1,857\,3325$$
$$log\ tg\ B = \overline{1},973\,4539$$

$$1,830\,7854$$

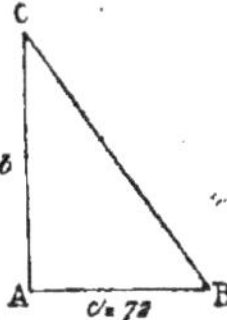

$b = 67,730\,832$; ajoutant 1,10.   Rép. 68^m,830.

192. *L'angle d'élévation du sommet d'une tour verticale dont le pied est inaccessible est de 24° 36′; on s'avance de 32^m vers la tour, l'angle d'élévation est alors égal à 40° 12′. Quelle est la hauteur de la tour? la base d'opération est horizontale, et l'œil de l'observateur est élevé de 1^m,50.*

$$CBD = 15° 36′$$

$$BC = a = \frac{CD\ sin\ D}{sin\ CBD}, \quad \text{or} \quad AB = a\ sin\ C;$$

donc
$$AB = \frac{CD\ sin\ D\ sin\ C}{sin\ CBD}$$

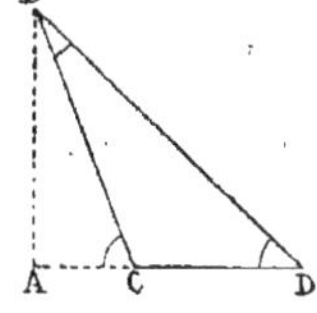

$$log\ CD = 1,505\,1500$$
$$log\ sin\ D = \overline{1},619\,3864$$
$$log\ sin\ C = \overline{1},809\,8678$$
$$L\ sin\ CBD = 0,570\,3772$$

$$1,504\,7814.$$

AB $= 31,973$; ajoutant 1,50, il vient :   Rép. 33^m,473.

193. *Mesurer la distance d'un lieu* A *à un autre inaccessible* C. *On a pris une base d'opération* AB *perpendiculaire à* AC *et longue de* 80^m. *L'angle formé au point* B *par les rayons visuels menés en* A *et en* C *égale* 48° 25′.

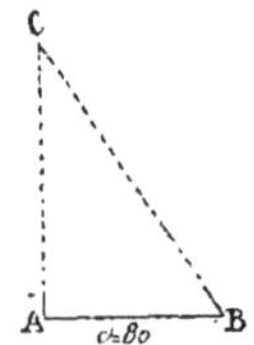

$$b = ctg\ B$$
$$log\ c = 1{,}903\,09$$
$$log\ tg\ B = 0{,}051\,9190$$
$$\overline{1{,}955\,0090.}$$
$$AC = 90^m{,}158\,98.$$

194. *Deux observateurs, distants de* 1750^m, *mesurent au même instant les hauteurs d'un point remarquable d'un nuage. Ce point est dans le plan vertical de la base d'observation, et les angles d'élévation sont* 72° *et* 84°. *Quelle est la hauteur du nuage, en admettant que les deux observateurs ont le même horizon ?*

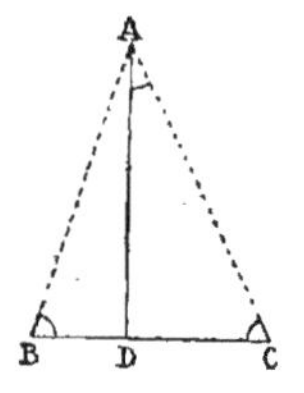

$$AC = \frac{BC\ sin\ B}{sin\ A}\ ;\quad or\quad AD = AC\ sin\ C$$

donc
$$AD = \frac{BC\ sin\ B\ sin\ C}{sin\ A}$$

$$log\ BC = 3{,}243\,0380$$
$$log\ sin\ B = \overline{1}{,}997\,6143$$
$$log\ sin\ C = \overline{1}{,}978\,2063$$
$$\overline{L}\ sin\ A = 0{,}390\,6867$$
$$\overline{3{,}609\,5453}$$

$$AD = 4070^m.$$

195. *Calculer la distance de deux points inaccessibles* A *et* B, *connaissant une base* CD = 150^m, *l'angle* BCD = 40°, *l'angle* ACD = 69°, *l'angle* ADC = 38° 30′ *et l'angle* BDC = 70° 30′.

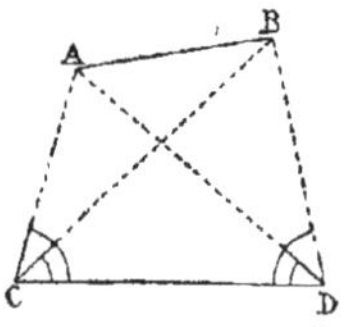

$$\text{Calcul de}\quad AC = b = \frac{CD\ sin\ ADC}{sin\ CAD}.$$

$$log\ CD = 2{,}176\,0913$$
$$log\ sin\ ADC = \overline{1}{,}794\,1496$$
$$\overline{L}\ sin\ CAD = 0{,}020\,5805$$
$$\overline{log\ b = 1{,}990\,8214.}$$

Calcul de $BC = a$.

$$BC = \frac{CD \; sin \; BDC}{sin \; CBD}$$

$log \; CD = 2,176\,0913$
$log \; sin \; BDC = \overline{1},974\,3466$
$\overline{L} \; sin \; CBD = 0,028\,4124$

$log \; a = 2,178\,8503.$

Calcul des angles **A** et **B** du triangle ABC.

$$tg \; \tfrac{1}{2}(A-B) = tg \; (45^o - \varphi) \; cot \; \tfrac{1}{2}C,$$

$\tfrac{1}{2}C = 14^o \; 30'.$ $tg \; \varphi = \frac{a}{b};$ $log \; tg \; \varphi = log \; a - log \; b = 0,188\,0289$

$\varphi = 57^o \; 1' \; 58'',5;$ donc $\varphi - 45^o = 12^o \; 1' \; 58'',5$

$$log \; tg \; (45^o - \varphi) = \overline{1},328\,6998$$
$$log \; cot \; \tfrac{1}{2}C = 0,587\,3419$$

$$\overline{1},916\,0417.$$

$\tfrac{1}{2}(A-B) = 39^o \; 29' \; 45''$ $\quad$ $B = \;\; 35^o \; 0' \; 15''$
$\tfrac{1}{2}(A+B) = 75^o \; 30'$ $\quad\quad$ $A = 114^o \; 59' \; 45''.$

$$\text{Calcul de} \;\; AB = \frac{AC \; sin \; C}{sin \; B}.$$

$log \; AC = 1,990\,8214$
$log \; sin \; 29^o = \overline{1},685\,5712$
$\overline{L} \; sin \; B = 0,241\,3636$

$$1,917\,7562.$$
$$AB = 82^m,747\,74.$$

(En négligeant les secondes dans les angles **A** et **B**, on a
$AB = 80^m,69.$)

196. *Trouver la hauteur d'une montagne. La base d'opéra-*
tion qu'on a choisie a 225^m; *les angles formés par cette base*

et les rayons visuels menés au sommet de la montagne sont respectivement égaux à 52° 17′ 18″ et 41° 19′ 25″; de plus, l'un de ces rayons visuels AC fait avec la verticale de la station A un angle de 43° 19′ 12″.

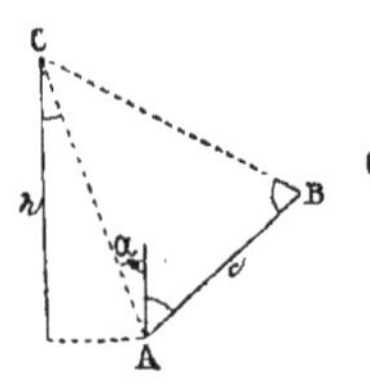

$$AC = b = \frac{c \, \sin B}{\sin C}; \quad \text{or} \quad h = b \cos \alpha;$$

donc
$$h = \frac{c \, \sin B \, \sin \alpha}{\sin C},$$

$$\log c = 2,3521825$$
$$\log \sin B = \overline{1},8197487$$
$$\log \sin \alpha = \overline{1},8618529$$
$$\overline{L} \sin C = 0,0009451$$

$$2,0347292.$$

$$h = 108^{\mathrm{m}},325.$$

197. *Trois points* A, B, C *étant donnés sur la carte d'un pays, on demande de déterminer la position d'un quatrième point* M, *d'où les distances* AC = 200^{m} *et* BC = 170^{m} *ont été vues sous des angles connus* α = 46° 17′ 13″,2 *et* β = 30° 9′. On *sait de plus que les quatre points sont sur le même plan, et que l'angle* ACB = 114° 40′ 8″,4. (On calculera MC.)

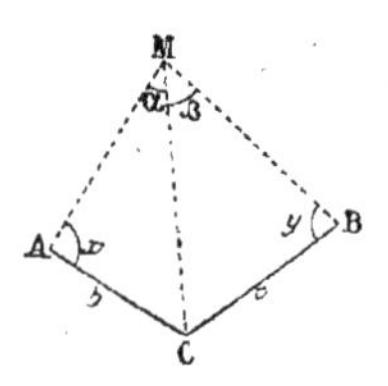

$$x + y = 360° - (C + \alpha + \beta) = 168° 53′ 38″,4$$

$$c = \frac{B \, \sin \beta}{\sin \alpha}$$

$$\log b = 2,30103$$
$$\log \sin \beta = \overline{1},7009334$$
$$\overline{L} \sin \alpha = 0,1409756$$

$$2,1429390;$$

$$c = 138,9757.$$

$$a + c = 308,9757; \quad a - c = 31,0243.$$

$$tg \, \tfrac{1}{2}(x - y) = \frac{a - c}{a + c} \, tg \, \tfrac{1}{2}(x + y)$$

$$\log (a - c) = 1,4917012$$
$$\overline{L} (a + c) = \overline{3},5100758$$
$$\log \, tg \, \tfrac{1}{2}(x + y) = 1,0122316$$

$$0,0140086$$

$$\frac{1}{2}(x-y)=45°\ 55'\ 26''$$
$$\frac{1}{2}(x+y)=84°\ 26'\ 49'',2$$

$$x=130°\ 22'\ 15'',2$$
$$y=\ \ 38°\ 21'\ 23'',2.$$

$$CM=\frac{b\ sin\ x}{sin\ \alpha}=\frac{a\ sin\ y}{sin\ \beta}.$$

$$log\ b=2,301\,03 \qquad\qquad log\ a=2,230\,4489$$
$$log\ sin\ x=\overline{1},881\,8794 \qquad log\ sin\ y=\overline{1},794\,3695$$
$$\overline{L}\ sin\ \alpha=0,140\,9756 \qquad \overline{L}\ sin\ \beta=0,299\,0666$$

$$2,323\,8850. \qquad\qquad 2,323\,8850.$$

$$CM=210^m,81.$$

198. *Un observateur, placé à une hauteur de* 120^m *au-dessus du niveau de la mer, a trouvé que le rayon visuel aboutissant à l'horizon sensible faisait avec la verticale un angle de* 89° 39'. *On demande quel serait, d'après ce calcul, le rayon terrestre.* (Sorbonne, 6 novembre 1862.)

$$R=\frac{h\ cos\ \alpha}{2\ sin^2\ \frac{1}{2}\alpha};$$

$$h=120 \quad et \quad \alpha=21'.$$
$$log\ h=2,079\,1812$$
$$log\ cos\ \alpha=\overline{1},999\,9919$$
$$\overline{L}\,2=\overline{1},698\,97$$
$$-2\ log\ sin\ \tfrac{1}{2}\alpha=5,030\,1704$$

$$6,808\,3135$$
$$R=6\,431\,520^m.$$

199. *Un arc* AC=28° 35' *tourne autour d'un diamètre* BB' *perpendiculaire à sa corde; quelle est la surface de la zone décrite, le rayon du cercle étant* 5^m,43.

$$S=4\pi R^2\ sin^2\ \tfrac{1}{2}\alpha$$

$$log\ 4=0,602\,06$$
$$log\ \pi=0,497\,1499$$
$$2\ log\ R=1,469\,5996$$
$$2\ log\ sin\ \tfrac{1}{2}\alpha=\overline{2},784\,8946$$

$$1,353\,7041.$$
$$S=22^{mq},578\,968.$$

200. *Calculer le rayon d'une tour inaccessible. On a pris une base* $AB = 175^m$; *les angles formés avec cette base par les couples de tangentes menées des extrémités sont, au point* A : $\alpha = 60°$, $\alpha' = 20°$, *et au point* B : $\beta = 75°$, $\beta' = 25°$.

$$R = \frac{d \sin \tfrac{1}{2}(\alpha - \alpha') \sin \tfrac{1}{2}(\beta - \beta')}{\sin \tfrac{1}{2}(\alpha + \alpha' + \beta + \beta')};$$

ou
$$R = d \sin 20° \sin 50°.$$

$$\log d = 2{,}243\,0380$$
$$\log \sin 20° = \overline{1}{,}534\,0517$$
$$\log \sin 50° = \overline{1}{,}884\,2540$$

$$\overline{1{,}661\,3437.}$$

$$R = 45^m{,}850\,46.$$

PROBLÈMES DE RÉCAPITULATION

ET APPLICATIONS DIVERSES

---

§ I. — Exercices sur les formules.

201. *Vérifier les égalités suivantes :*
1° $\qquad \sin(a+b)\sin(a-b)=\sin^2 a-\sin^2 b$;
2° $\qquad \cos(a+b)\cos(a-b)=\cos^2 a-\sin^2 b$.
$\qquad\qquad$ (Sorbonne, 21 avril 1860 et 31 mars 1865.)

1° $\qquad \sin(a+b)=\sin a\cos b+\sin b\cos a$
$\qquad\quad \sin(a-b)=\sin a\cos b-\sin b\cos a$; Multipliant :
$\sin(a+b)\sin(a-b)=\sin^2 a\cos^2 b-\sin^2 b\cos^2 a$
$\qquad\qquad\qquad =\sin^2 a\cos^2 b-\sin^2 b(1-\sin^2 a)$
$\qquad\qquad\qquad =\sin^2 a\cos^2 b-\sin^2 b+\sin^2 a\sin^2 b$
$\qquad\qquad\qquad =\sin^2 a(\cos^2 b+\sin^2 b)-\sin^2 b$
$\qquad\qquad\qquad =\sin^2 a-\sin^2 b$.

2° $\qquad \cos(a+b)=\cos a\cos b-\sin a\sin b$
$\qquad\quad \cos(a-b)=\cos a\cos b+\sin a\sin b$; Multipliant :
$\cos(a+b)\cos(a-b)=\cos^2 a\cos^2 b-\sin^2 a\sin^2 b$
$\qquad\qquad\qquad =\cos^2 a\cos^2 b-\sin^2 b(1-\cos^2 a)$
$\qquad\qquad\qquad =\cos^2 a\cos^2 b-\sin^2 b+\sin^2 b\cos^2 a$
$\qquad\qquad\qquad =\cos^2 a(\cos^2 b+\sin^2 b)-\sin^2 b$
$\qquad\qquad\qquad =\cos^2 a-\sin^2 b$.

202. *Vérifier la formule :* $\quad \sin 2a=\dfrac{2\,tg\,a}{1+tg^2\,a}$.

En effet, $\qquad \dfrac{2\,tg\,a}{1+tg^2\,a}=\dfrac{2\dfrac{\sin a}{\cos a}}{1+\dfrac{\sin^2 a}{\cos^2 a}}=\dfrac{2\sin a\cos a}{\sin^2 a+\cos^2 a}$,

ou $\qquad\qquad\qquad \dfrac{2\,tg\,a}{1+tg^2\,a}=\sin 2a$.

203. *Vérifier la formule :*

$$tg^2\,a - tg^2\,b = \frac{sin\,(a+b)\;sin\,(a-b)}{cos^2\,a\;cos^2\,b}.$$

On a
$$tg\,a + tg\,b = \frac{sin\,(a+b)}{cos\,a\;cos\,b},$$

$$tg\,a - tg\,b = \frac{sin\,(a-b)}{cos\,a\;cos\,b}, \qquad \text{Multipliant :}$$

$$tg^2\,a - tg^2\,b = \frac{sin\,(a+b)\;sin\,(a-b)}{cos^2\,a\;cos^2\,b}.$$

204. *Vérifier la formule :*

$$tg\,(45^\circ + a) - tg\,(45^\circ - a) = 2\,tg\,2a.$$

(Sorbonne, 10 juillet 1872.)

En développant les deux membres on a :

$$\frac{tg\,45^\circ + tg\,a}{1 - tg\,45^\circ\,tg\,a} - \frac{tg\,45^\circ - tg\,a}{1 + tg\cdot45^\circ\,tg\,a} = 2\left(\frac{2\,tg\,a}{1 - tg^2\,a}\right) = \frac{4\,tg\,a}{1 - tg^2\,a},$$

ou
$$\frac{1 + tg\,a}{1 - tg\,a} - \frac{1 - tg\,a}{1 + tg\,a} = \frac{4\,tg\,a}{1 - tg^2\,a};$$

en effectuant la soustraction dans le premier membre et égalant les numérateurs : $(1 + tg^2\,a) - (1 - tg^2\,a) = 4\,tg\,a;$

ou
$$4\,tg\,a = 4\,tg\,a, \text{ identité.}$$

205. *Dans un triangle, la médiane menée par l'un des sommets A divise cet angle en deux parties* x *et* y; *démontrer que l'on a la relation* $\dfrac{sin\,x}{sin\,y} = \dfrac{b}{c}$ (b *et* y *étant du même côté de la médiane*).

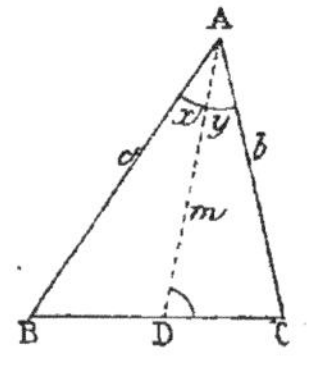

$$\frac{BD}{AD} = \frac{sin\,x}{sin\,B} = \frac{DC}{AD} = \frac{sin\,y}{sin\,C};$$

donc $\dfrac{sin\,x}{sin\,y} = \dfrac{sin\,B}{sin\,C};$ mais $\dfrac{sin\,B}{sin\,C} = \dfrac{b}{c},$

donc $\dfrac{sin\,x}{sin\,y} = \dfrac{b}{c}.$

206. *Démontrer géométriquement et par le calcul que les formules* (8) *et* (10) *relatives à* $sin\,(a+b)$ *et* $cos\,(a+b)$ *sont vraies :*

1° *Quand* a *et* b *étant moindres que* 90°, *on a* $a+b>\frac{\pi}{2}$;

2° *Quand on augmente un de ces arcs de* $\frac{\pi}{2}$;

3° *Quand* a *et* b *sont deux arcs positifs quelconques;*
4° *Quand* a *et* b *sont des arcs quelconques.*

1° Les constructions sont les mêmes qu'au n° 25. On trouve sans difficulté :

$$sin\,(a+b)=sin\,a\,cos\,b+sin\,b\,cos\,a.$$

Quant à $cos\,(a+b)$, on a :

$$OP=PG-OG=IK-OG.$$

Or $IK=sin\,a\,sin\,b$, $OG=cos\,a\,cos\,b$;

donc $OP=sin\,a\,sin\,b-cos\,a\,cos\,b$;

mais à cause du changement de sens, $cos\,(a+b)=-OP$,

d'où $cos\,(a+b)=cos\,a\,cos\,b-sin\,a\,sin\,b.$

De même, pour toute autre position des points B et C.

Solution par le calcul.

1° Soient deux arcs a et b compris entre 0° et 90°, mais dont la somme surpasse $\frac{\pi}{2}$. Appelons a' et b' leurs complé-ments; on a $a'+b'<\frac{\pi}{2}$; donc, en vertu du théorème :

$$sin\,(a'+b')=sin\,a'\,cos\,b'+sin\,b'\,cos\,a',$$
$$cos\,(a'+b')=cos\,a'\,cos\,b'-sin\,a'\,sin\,b'.$$

Mais (n° 15, 5°) :

$$sin\,(a'+b')=sin\,(a+b)\ \text{et}\ cos\,(a'+b')=-cos\,(a+b),$$

de plus,

$$sin\,a'=cos\,a,\ sin\,b'=cos\,b;\ cos\,b'=sin\,b\ \text{et}\ cos\,a'=cos\,a;$$

donc $sin\,(a+b)=cos\,a\,sin\,b+cos\,b\,sin\,a,$
$$-cos\,(a+b)=-sin\,b\,sin\,a+cos\,b\,cos\,a,$$

qui ne diffèrent pas des formules (8) et (10).

2° Écrivons $a'=\frac{\pi}{2}+a$, d'où $a=a'-\frac{\pi}{2}$, et transportons cette valeur dans les formules (8) et (10), il vient :

$$sin\left(a'-\frac{\pi}{2}+b\right)=sin\left(a'-\frac{\pi}{2}\right)cos\,b+cos\left(a'-\frac{\pi}{2}\right)sin\,b$$

$$cos\left(a'-\frac{\pi}{2}+b\right)=cos\left(a'-\frac{\pi}{2}\right)cos\,b-sin\left(a'-\frac{\pi}{2}\right)sin\,b.$$

Mais (nº 15, 4º)

$$sin\left(a'-\frac{\pi}{2}+b\right)=-sin\left[\frac{\pi}{2}-(a'+b)\right]=-cos\,(a'+b),$$

$$cos\left(a'-\frac{\pi}{2}+b\right)=\quad cos\left[\frac{\pi}{2}-(a'+b)\right]=\quad sin\,(a'+b);$$

de plus $\quad sin\left(a'-\frac{\pi}{2}\right)=-sin\left(\frac{\pi}{2}-a'\right)=-cos\,a',$

$$cos\left(a'-\frac{\pi}{2}\right)=\quad cos\left(\frac{\pi}{2}-a'\right)=\quad sin\,a'.$$

Substituons ces valeurs dans les formules précédentes, il vient :
$$cos\,(a'+b)=cos\,a'\,cos\,b-sin\,a'\,sin\,b,$$
$$sin\,(a'+b)=cos\,a'\,sin\,b+cos\,a'\,sin\,b;$$

ce sont encore les formules (8) et (10).

3º De ce qui précède, il résulte que l'on peut augmenter successivement l'un quelconque des arcs d'autant de quadrants que l'on veut, sans que les formules cessent d'être vraies; donc elles s'appliquent à des arcs positifs quelconques ;

4º Enfin, si les arcs a et b sont négatifs, on peut augmenter chacun d'eux d'autant de circonférences qu'il est nécessaire pour les rendre positifs, et comme dans ce cas les lignes trigonométriques n'auront pas changé (nº 15, 1º), on en conclut que les formules (8) et (10) sont tout à fait générales.

Par suite, les formules (9) et (11) que l'on déduit par le changement de b en $-b$ sont également générales.

207. *Démontrer que, dans un triangle, on a les relations suivantes :*

1º $$Sin\,\frac{1}{2}A\,sin\,\frac{1}{2}B\,sin\,\frac{1}{2}C=\frac{S^2}{p\,.\,abc}\,;$$

2º $$Cos\,\frac{1}{2}A\,cos\,\frac{1}{2}B\,cos\,\frac{1}{2}C=\frac{pS}{abc}\,;$$

3º $$Tg\,\frac{1}{2}A\,tg\,\frac{1}{2}B\,tg\,\frac{1}{2}C=\frac{S}{p^2}\,;$$

4° $S = 2R^2 \, sin \, A \, sin \, B \, sin \, C;$

5° $Tg \, A + tg \, B + tg \, C = tg \, A \, tg \, B \, tg \, C;$

6° $Sin \, A + sin \, B + sin \, C = 4 \, cos \, \frac{1}{2}A \, cos \, \frac{1}{2}B \, cos \, \frac{1}{2}C;$

(Sorbonne, 16 juillet 1869.)

7° $Cos \, A + cos \, B + cos \, C = 1 + 4 \, sin \, \frac{1}{2}A \, sin \, \frac{1}{2}B \, sin \, \frac{1}{2}C;$

(Sorbonne, 28 juillet 1866.)

8° $Cos^2 \, A + cos^2 \, B + cos^2 \, C + 2 \, cos \, A \, cos \, B \, cos \, C = 1.$

Les formules du n° 57 donnent par la multiplication :

1° $Sin \, \frac{1}{2}A \, sin \, \frac{1}{2}B \, sin \, \frac{1}{2}C = \dfrac{(p-a)(p-b)(p-c)}{abc}$

$$= \frac{S^2}{p} \cdot \frac{1}{abc} = \frac{S^2}{p \, . \, abc}.$$

2° $Cos \, \frac{1}{2}A \, cos \, \frac{1}{2}B \, cos \, \frac{1}{2}C = \dfrac{p\sqrt{p(p-a)(p-b)(p-c)}}{abc} = \dfrac{pS}{abc};$

3° $Tg \, \frac{1}{2}A \, tg \, \frac{1}{2}B \, tg \, \frac{1}{2}C = \dfrac{S}{p^2};$

4° On a encore (n° 59) :

$$\left. \begin{array}{l} 2S = ab \, sin \, C \\ 2S = ac \, sin \, B \\ 2S = bc \, sin \, A \end{array} \right\} \quad \begin{array}{l} \text{Multipliant et remplaçant } abc \\ \text{par } 4RS, \text{ il vient :} \end{array}$$

$$S = 2R^2 \, sin \, A \, sin \, B \, sin \, C;$$

5° $Tg \, C = [180^o - (A+B)] = - tg \, (A+B);$

donc $tg \, C = - \dfrac{tg \, A + tg \, B}{1 - tg \, A \, tg \, B};$ d'où $tg \, C \, (1 - tg \, A \, tg \, B) = - tg \, A - tg \, B,$

ou $tg \, C - tg \, A \, tg \, B \, tg \, C = - tg \, A - tg \, B;$

c'est-à-dire $tg \, A + tg \, B + tg \, C = tg \, A \, tg \, B \, tg \, C.$

6° $Sin \, A + sin \, B + sin \, C = sin \, A + sin \, B + sin \, (A+B),$

             $= sin \, A + sin \, B + sin \, A \, cos \, B + sin \, B \, cos \, A,$

             $= sin \, A \, (1 + cos \, B) + sin \, B \, (1 + cos \, A).$

Remplaçons $sin \, A$ par $2 \, sin \, \frac{1}{2}A \, cos \, \frac{1}{2}A$ et $1 + cos \, B$ par $2 \, cos^2 \, \frac{1}{2}B,$ il vient :

$$sin\,A + sin\,B + sin\,C = 4\,sin\tfrac{1}{2}A\,cos\tfrac{1}{2}A\,cos^2\tfrac{1}{2}B + 4\,sin\tfrac{1}{2}B\,cos\tfrac{1}{2}B\,cos^2\tfrac{1}{2}A,$$

$$= 4\,cos\tfrac{1}{2}A\,cos\tfrac{1}{2}B\,(sin\tfrac{1}{2}A\,cos\tfrac{1}{2}B + sin\tfrac{1}{2}B\,cos\tfrac{1}{2}A),$$

$$= 4\,cos\tfrac{1}{2}A\,cos\tfrac{1}{2}B\,sin\tfrac{1}{2}(A+B),$$

$$= 4\,cos\tfrac{1}{2}A\,cos\tfrac{1}{2}B\,cos\tfrac{1}{2}C.$$

7° $$Cos\,A + cos\,B + cos\,C = 2\,cos\tfrac{1}{2}(A+B)\,cos\tfrac{1}{2}(A-B) - cos\,(A+B),$$

$$= 2\,cos\tfrac{1}{2}(A+B)\,cos\tfrac{1}{1}(A-B) - cos^2\tfrac{1}{2}(A+B) + 1,$$

$$= 2\,cos\tfrac{1}{2}(A+B)[cos\tfrac{1}{2}(A-B) - cos\tfrac{1}{2}(A+B)] + 1,$$

$$= 4\,sin\tfrac{1}{2}C\,sin\tfrac{1}{2}A\,sin\tfrac{1}{2}B + 1,$$

ou　$$cos\,A + cos\,B + cos\,C = 1 + 4\,sin\tfrac{1}{2}A\,sin\tfrac{1}{2}B\,sin\tfrac{1}{2}C.$$

8°　$$Cos\,C = -cos\,(A+B) = -cos\,A\,cos\,B + sin\,A\,sin\,B;$$

d'où　$$cos\,C + cos\,A\,cos\,B = sin\,A\,sin\,B.$$

Élevons au carré :

$$cos^2\,C + 2\,cos\,A\,cos\,B\,cos\,C + cos^2\,A\,cos^2\,B = sin^2\,A\,sin^2\,B.$$

Or　$$sin^2\,A = 1 - cos^2\,A,$$
$$sin^2\,B = 1 - cos^2\,B;$$

donc　$$sin^2\,A\,sin^2\,B = 1 - cos^2\,A - cos^2\,B + cos^2\,A\,cos^2\,B.$$

Mettons cette valeur à la place du deuxième membre de l'égalité précédente, nous aurons :

$$cos^2\,C + 2\,cos\,A\,cos\,B\,cos\,C + cos^2\,A\,cos^2\,B = 1 - cos^2\,A - cos^2\,B + cos^2\,A\,cos^2\,B,$$

ou　$$cos^2\,A + cos^2\,B + cos^2\,C + 2\,cos\,A\,cos\,B\,cos\,C = 1.$$

208. *Étant donnés les trois côtés d'un triangle, 1° trouver les rayons du cercle inscrit et des trois cercles ex-inscrits; 2° démontrer que la surface du triangle égale la racine carrée du produit de ces quatre rayons.*

Soit le triangle ABC, r le rayon du cercle inscrit, r' celui du cercle ex-inscrit dans l'angle A, r'' et r''' les rayons des cercles ex-inscrits dans les angles B et C.

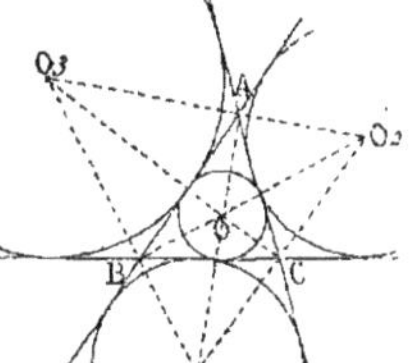

1° Le triangle ABC est composé de 3 triangles partiels ayant une hauteur commune et égale à r, donc $S = \dfrac{(a+b+c)r}{2} = pr$;

d'où $r = \dfrac{S}{p}$ (1), ou encore $r = \sqrt{\dfrac{(p-a)(p-b)(p-c)}{p}}$.

De même $ABC = O_1\,AB + O_1\,AC - O_1\,BC$; c'est-à-dire $S = \dfrac{cr'}{2} + \dfrac{br'}{2} - \dfrac{ar'}{2} = (p-a)r'$; d'où $r' = \dfrac{S}{p-a}$ (2).

On trouve de la même manière $r'' = \dfrac{S}{p-b}$ (3) et $r''' = \dfrac{S}{p-c}$ (4).

2° Multiplions membre à membre les relations (1), (2), (3) et (4), il vient

$$rr'r''r''' = \frac{S^4}{p(p-a)(p-b)(p-c)} = \frac{S^4}{S^2} = S^2; \text{ d'où } S = \sqrt{rr'r''r'''}.$$

209. *Étant donnés les trois côtés d'un triangle, trouver les angles et les côtés du triangle ayant pour sommets les centres des 3 cercles ex-inscrits.*

(*Figure du problème précédent.*) Les côtés de ce triangle sont perpendiculaires aux bissectrices des angles du triangle donné, donc les angles ont pour valeurs : $90° - \dfrac{A}{2}$, $90° - \dfrac{B}{2}$ et $90° - \dfrac{C}{2}$.

Dans les triangles $BO_1 C$, on connaît $BC = a$ et les 2 angles adjacents $90° - \dfrac{B}{2}$ et $90° - \dfrac{C}{2}$, donc, etc.

210. *Résoudre un triangle rectangle connaissant le périmètre 2p et l'un des angles aigus B.*

On a d'abord $C = 90° - B$.

Posons $\dfrac{a}{\sin A} = \dfrac{b}{\sin B} = \dfrac{c}{\sin C} = \dfrac{2p}{4 \cos \frac{1}{2}A \, \cos \frac{1}{2}B \, \cos \frac{1}{2}C}$;

on en tire :
$$a = \frac{2p \, \sin A \text{ ou } 2p}{4 \cos \frac{1}{2}A \, \cos \frac{1}{2}B \, \cos \frac{1}{2}C}.$$

Or,
$$\cos \frac{1}{2}A = \cos 45^0 = \frac{\sqrt{2}}{2},$$

donc,
$$a = \frac{2p}{2 \cos \frac{1}{2}B \, \cos \frac{1}{2}C \sqrt{2}} = \frac{p\sqrt{2}}{2 \cos \frac{1}{2}B \, \cos \frac{1}{2}C}.$$

On a, de plus, $b = a \sin B$ et $c = a \sin C$, et comme vérification : $a^2 = b^2 + c^2$.

211. *Résoudre un triangle rectangle, connaissant un angle aigu* B *et la différence* b—c=d *des côtés de l'angle droit.*

$$C = 90^0 - B. \qquad\qquad \text{Or } b = a \sin B$$
$$\underline{\qquad\qquad\qquad\qquad c = a \sin C}$$

soustrayant $b - c$ ou $d = a(\sin B - \sin C) = 2 \sin \frac{1}{2}(B-C) \cos \frac{1}{2}$

$(B + C)$.   Mais $\frac{1}{2}(B + C) = 45^0$, donc $\cos \frac{1}{2}(B + C) = \frac{\sqrt{2}}{2}$;

donc $d = a\sqrt{2} \sin \frac{1}{2}(B - C)$; d'où $a = \dfrac{d}{\sqrt{2} \sin \frac{1}{2}(B - C)}.$

On a ensuite $c = a \sin C$ et $b = d + c$.

212. *Résoudre un triangle, connaissant deux côtés* a *et* b *et la différence* A—B *des angles opposés.*

La formule $\dfrac{a+b}{a-b} = \dfrac{tg\frac{1}{2}(A+B)}{tg\frac{1}{2}(A-B)}$ donne $A + B$,

d'où l'on déduit A et B, et par suite C.

D'ailleurs,
$$C = \frac{a = \sin C}{\sin A}.$$

213. *Résoudre un triangle, connaissant le périmètre* 2p *et les angles* A, B *et* C.

En multipliant deux à deux les relations (3) du 4° cas, il vient :
$$\frac{p-c}{p} = tg\frac{1}{2}A \, tg\frac{1}{2}B,$$

$$\frac{p-b}{p} = tg\frac{1}{2}C \; tg\frac{1}{2}A,$$

$$\frac{p-a}{p} = tg\frac{1}{2}B \; tg\frac{1}{2}C, \quad \text{qui font connaître}$$

$p-a$, $p-b$, $p-c$, et par suite a, b, c.

214. *Résoudre un triangle, connaissant la surface* S *et les angles* A, B, C.

On peut, dans la formule $S = p^2 \, tg\frac{1}{2}A \; tg\frac{1}{2}B \; tg\frac{1}{2}C$, tirer la valeur de p, et l'on à résoudre le problème précédent.

On peut aussi se servir de la formule :

$$S = 2R^2 \, sin A \, sin B \, sin C; \quad \text{on en tire} \quad 2R = \sqrt{\frac{2S}{sin A \; sin B \; sin C}},$$

et les relations $2R = \dfrac{a}{sin A} = \dfrac{b}{sin B} = \dfrac{c}{sin C}$, donnent :

$$a = 2R \, sin A, \quad b = 2R \, sin B \quad \text{et} \quad c = 2R \, sin C.$$

215. *Résoudre un triangle, connaissant les trois angles et le rayon* r *du cercle inscrit.*

On a $tg\frac{1}{2}A = \dfrac{r}{p-a}$; donc $\quad p - a = r \, cot\frac{1}{2}A$

$$p - b = r \, cot\frac{1}{2}B$$

$$p - c = r \, cot\frac{1}{2}C$$

la somme donnera p, et par suite a, b, c.

216. *Résoudre un triangle, connaissant les trois angles et le rayon* R *du cercle circonscrit.*

D'après les relations $\dfrac{a}{sin A} = \dfrac{b}{sin B} = \dfrac{c}{sin C} = 2R$,

on a $a = 2R \, sin A$, $b = 2R \, sin B$, $c = 2R \, sin C$, et d'après le problème 214 : $\quad S = 2R^2 \, sin A \, sin B . sin C$.

217. *Étant donnés les côtés d'un quadrilatère inscriptible, calculer :* 1° *les angles,* 2° *la surface,* 3° *les diagonales,* 4° *le rayon du cercle circonscrit.*

Soient a, b, c, d les 4 côtés.

1° On a $\overline{BD}^2 = a^2 + d^2 - 2\,ad\,\cos A$,

et $\overline{BD}^2 = b^2 + c^2 - 2\,bc\,\cos C$.

Or $\cos C = -\cos A$, les angles opposés étant supplémentaires ;

donc $a^2 + d^2 - 2\,ad\,\cos A = b^2 + c^2 + 2\,bc\,\cos A$;

d'où $\cos A = \dfrac{a^2 + d^2 - b^2 - c^2}{2(ad + bc)}$.

Rendons cette valeur calculable par logarithmes en procédant comme pour le 4° cas des triangles :

$$1 - \cos A = \frac{2ad + 2bc - a^2 - d^2 + b^2 + c^2}{2(ad + bc)} = \frac{(b+c)^2 - (a-d)^2}{2(ad + bc)}$$

$$= \frac{(b+c+a-d)(a+d+c-b)}{2(ad + bc)} ;$$

donc $\quad sin\,\dfrac{1}{2}A = \sqrt{\dfrac{(p-a)(p-d)}{ad + dc}}$.

$$1 + \cos A = \frac{2ad + 2bc + a^2 + d^2 - b^2 - c^2}{2(ad + bc)} = \frac{(a+d)^2 - (b+c)^2}{2(ad + bc)}$$

$$= \frac{(a+d+b-c)(a+d+c-b)}{2(ad + bc)} ;$$

d'où $\quad cos\,\dfrac{1}{2}A = \sqrt{\dfrac{(p-b)(p-c)}{ad + bc}}$.

Par suite : $\quad tg\,\dfrac{1}{2}A = \sqrt{\dfrac{(p-a)(p-d)}{(p-b)(p-c)}}$.

De même, $\quad tg\,\dfrac{1}{2}B = \sqrt{\dfrac{(p-a)(p-b)}{(p-c)(p-d)}}$. Les deux autres angles en sont les suppléments.

2° La surface $S = ABD + BCD = \dfrac{1}{2}ad\,sin\,A + \dfrac{1}{2}bc\,sin\,C$. Or C est le supplément de A, les sinus de ces angles sont égaux,

donc $\quad S = \dfrac{1}{2}(ad + bc)\,sin\,A$.

Mais $sin\,A = 2\,sin\,\dfrac{1}{2}A\,cos\,\dfrac{1}{2}A$; si l'on remplace $sin\,\dfrac{1}{2}A$ et $cos\,\dfrac{1}{2}A$ par leurs valeurs, on a $sin\,A = \dfrac{2}{ad + bc}\sqrt{(p-a)(p-b)(p-c)(p-d)}$.

Donc $\quad S = \sqrt{(p-a)(p-b)(p-c)(p-d)}$.

3° Entre les deux valeurs de $\overline{BD}^2$ éliminons $cos\,A$, il vient :

$$\overline{BD}^2 = \frac{bc(a^2+d^2)+ad(b^2+c^2)}{bc+ad} = \frac{ab\,(ac+bd)+cd\,(ac+bd)}{bc+ad}$$

ou
$$\overline{BD}^2 = \frac{(ab+cd)(ac+bd)}{bc+ad}.$$

De même
$$AC^2 = \frac{(ad+bc)(ac+bd)}{ab+cd}.$$

4° Le rayon du cercle circonscrit $\quad R = \dfrac{BD}{2\,sin\,A}$;

or
$$DB = \sqrt{\frac{(ab+cd)(ac+bd)}{ad+bc}}$$

et $\quad sin\,A = 2\,sin\,\frac{1}{2}\,A\,cos\,\frac{1}{2}\,A = \dfrac{2\sqrt{(p-a)(p-b)(p-c)(p-d)}}{ad+bc}$;

donc
$$R = \frac{\sqrt{(ab+cd)(ac+bd)(ad+bc)}}{4\sqrt{(p-a)(p-b)(p-c)(p-d)}}.$$

§ II. — Problèmes numériques.

218. *Trouver le plus petit angle positif satisfaisant à l'équation :* tg 2x $=$ 3 tg x.

$$tg\,2x = \frac{2\,tg\,x}{1-tg^2x}, \quad \text{donc} \quad 3\,tg\,x = \frac{2\,tg\,x}{1-tg^2x}$$

ou $3 = \dfrac{2}{1-tg^2x}$ en supprimant la solution $tg\,x = 0$, d'où $x = 0$.

Donc $\quad tg^2x = \dfrac{1}{3}\quad$ ou $\quad tg\,x = \dfrac{1}{3}\sqrt{3}$; d'où $\quad x = 30°$.

219. *Résoudre de la même manière les équations suivantes :*

$$5\,tg\,x = 6\,cos\,x.$$

On peut écrire : $\quad \dfrac{sin\,x}{cos\,x} = \dfrac{6}{5}cos\,x$

ou $5\,sin\,x = 6\,cos^2x = 6(1-sin^2x)$; ou $sin^2x + \dfrac{5}{6}sin\,x - 1 = 0$;

d'où
$$sin\,x = \frac{-5+13}{2} = \frac{2}{3}.$$

$$log\,sin\,x = log\,\frac{2}{3} = \overline{1},823\,908\,8$$

$$x = 41°\,48'\,37',1.$$

220. $$sin\,x = 2\cos^2 x.$$

On écrit $sin\,x = 2(1 - sin^2 x)$, ou $2\,sin^2 x + sin\,x - 2 = 0$;

d'où $$sin\,x = \frac{-1 + \sqrt{17}}{4}. \quad Log\,sin\,x = \overline{1},8925398$$

$$x = 51^\circ 20' 2''.$$

221. $$tg\,x + 3\,cot\,x = 4.$$

On remplace $cot\,x$ par $\dfrac{1}{tg\,x}$, il vient : $tg\,x + \dfrac{3}{tg\,x} = 4$,

ou $tg^2 x - 4\,tg\,x + 3 = 0$; d'où $tg\,x = 2 \pm 1$.

Pour $tg\,x = 3, \quad x = 71^\circ 33' 54'',1$

$\qquad\qquad tg\,x = 1, \quad x = 45^\circ.$

222. $$tg\,x - cot\,x = 1.$$

ou $tg\,x - \dfrac{1}{tg\,x} = 1$; d'où $tg^2 x - tg\,x - 1 = 0$.

donc $$tg\,x = \frac{1 \pm \sqrt{5}}{2}. \quad Log\,tg\,x = 0,2089785.$$

$$x = 58^\circ 16' 55'',1.$$

223. $$2\,sin\,x = sin(45^\circ - x).$$

ou $2\,sin\,x = sin\,45^\circ \cos x - \cos 45^\circ \cos x$. Or $sin\,45^\circ = \cos 45^\circ = \dfrac{\sqrt{2}}{2}$;

donc $2\,sin\,x = \dfrac{\sqrt{2}}{2}(\cos x - sin\,x)$; d'où $\left(2 + \dfrac{\sqrt{2}}{2}\right) tg\,x = \dfrac{\sqrt{2}}{2}$;

$$tg\,x = \frac{\sqrt{2}}{4 + \sqrt{2}}; \quad x = 14^\circ 38' 11''.$$

224. $$2\,sin\,x + 3\cos x = 3.$$

Écrivons $3\cos x = 3 - 2\,sin\,x$ et élevons au carré :
$9\cos^2 x = 9 + 4\,sin^2 x - 12\,sin\,x$, ou $9(1 - sin^2 x) = 9 + 4\,sin^2 x - 12\,sin\,x$,

ou $13\,sin^2 x - 12\,sin\,x = 0$, ou $sin\,x\,(13\,sin\,x - 12) = 0$;

donc $sin\,x = 0, \qquad$ qui donne $x = 0,$

et $sin\,x = \dfrac{12}{13}, \qquad$ qui donne $x = 67^\circ 22' 50''.$

225. $$2\,sin(a + x) = sin\,a + \cos a.$$

ou $2\,sin\,a\,\cos x + 2\,sin\,x\,\cos a = sin\,a + \cos a;$

d'où $\sin a(2\cos x - 1) + \cos a(2\sin x - 1) = 0$; donc on doit

avoir séparément : $\begin{cases} 2\cos x - 1 = 0, \quad \text{ou} \quad \cos x = \frac{1}{2}; \quad x = 30°. \\ 2\sin x - 1 = 0, \quad \text{ou} \quad \sin x = \frac{1}{2}; \quad x = 60°. \end{cases}$

226. *On donne deux angles :* $P = 23°57'19''$ *et* $Q = 24°16'46''$; *calculer un troisième angle* x, *tel que* $\sin x = \sin P + \sin Q$. (Sorbonne, 1er avril 1865.)

$$\sin P + \sin Q = 2\sin\tfrac{1}{2}(P+Q)\cos\tfrac{1}{2}(P-Q)$$

$$\tfrac{1}{2}(P+Q) = 22°37'2'',5; \quad \tfrac{1}{2}(P-Q) = 1°20'16'',5.$$

$$\log 2 = 0{,}301\,03$$

$$\log \sin\tfrac{1}{2}(P+Q) = \overline{1}{,}584\,981\,1$$

$$\log \cos\tfrac{1}{2}(P-Q) = \overline{1}{,}999\,881\,6$$

$$\sin x = \overline{1}{,}885\,892\,7$$

$$x = 50°15'31'',86.$$

227. *Un observateur se trouve à* 56^m *du pied d'une tour haute de* 35^m. *Sous quel angle voit-il cette tour, l'observation ayant lieu à* 1^m *au-dessus du sol?*

En ne tenant compte que de l'angle d'élévation, on a :

$$b = 34, \quad c = 56. \quad \operatorname{tg} B = \frac{b}{c}.$$

$$\log b = 1{,}531\,4789$$

$$\log c = 1{,}748\,1880$$

$$\overline{1{,}783\,290\,9}$$

$$B = 31°15'49'',4.$$

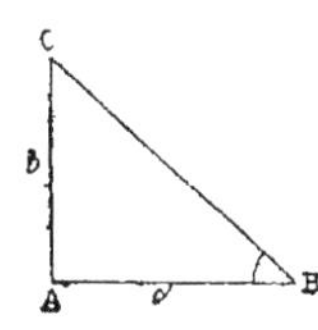

228. *Un objet vertical de* $1^m{,}75$ *est vu sous un angle de* $1°5'$; *à quelle distance est-on de cet objet?*
Figure précédente.)

$$c = b \cot B.$$

$$\log b = 0{,}243\,038\,0$$

$$\log \cot B = 1{,}723\,308\,8$$

$$1{,}966\,346\,8 \qquad c = 92^m{,}543\,68.$$

229. *Dans un cercle de* $3^m,45$ *de rayon, on veut inscrire un polygone régulier de 9 côtés; quelle sera la longueur du côté?*

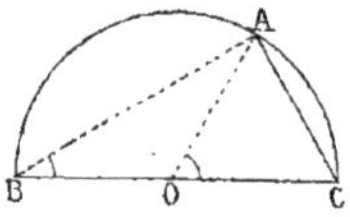

Soit AC le côté du polygone cherché; l'angle AOC$=40°$, donc ABC$=20°$. D'ailleurs le triangle ABC est rectangle et

$$a=6^m,90 \qquad b=a\,sin\,B.$$

$$log\,a=0,838\,8491$$
$$log\,sin\,B=\overline{1},534\,0517$$
$$\overline{}$$
$$0,372\,9008$$
$$b=2^m,359\,939.$$

230. *Dans un cercle de* $196^m,273$ *de rayon, quelle est la graduation d'un arc sous-tendu par une corde de* $238^m,355$?

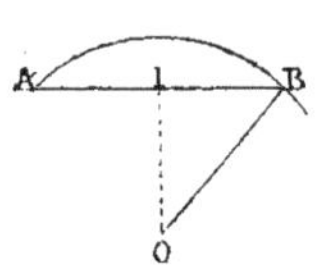

$$IB=\frac{AB}{2}=119,1775. \quad sin\,O=\frac{IB}{OB}$$

$$log\,IB=2,076\,1942$$
$$log\,OB=2,292\,8605$$
$$\overline{}$$
$$\overline{1},783\,3337$$

$$O=37°23'15''; \quad AOB=74°46'30''.$$

231. *Le cercle polaire étant éloigné de* $23°28'$ *du pôle, quel est le diamètre de ce cercle? Le rayon de la terre peut être compté de* 637 *myriamètres.*

(*Figure précédente.*)

$$IB=OB\,sin\,O$$
$$log\,OB=2,804\,1394$$
$$log\,sin\,O=\overline{1},600\,1181$$
$$\overline{}$$
$$2,404\,2575$$

$$IB=253,663; \quad AB=5\,073 \text{ kilom.}, 26.$$

232. *Calculer le volume d'un cône de révolution ayant pour base un cercle de* 1^m *de rayon, sachant que la génératrice fait avec la base un angle* $\alpha=27°17'$.

Le volume étant donné par la formule $V=\frac{1}{3}\pi R^2 h$, dans laquelle $R=1$ et $h=tg\,\alpha$, on a :

$$V=\frac{1}{3}\pi\,tg\,\alpha.$$

$$\overline{L}3 = \overline{1},5228788$$
$$log\ \pi = 0,4971509$$
$$log\ tg\ \alpha = \overline{1},7124562$$
$$\overline{1},7324859$$

$$V = 0^{mc},5401\ .$$

233. *La génératrice d'un cône de révolution a 2^m,40 ; elle fait avec l'axe un angle* $\alpha = 22^o$. *Quel est le volume de ce cône ?*

On a la formule $V = \frac{1}{3}\pi R^2 h$; or $R = 2,40\ sin\,\alpha$ et $h = 2,40\ cos\,\alpha$:

donc $\qquad\qquad V = \frac{1}{3}\pi\ .\ \overline{2,40}^3\ .\ sin^2\alpha\ cos\,\alpha\ .$

$$\overline{L}3 = \overline{1},5228788$$
$$log\ \pi = 0,4971509$$
$$3\ log\ 2,40 = 1,1406336$$
$$2\ log\ sin\,\alpha = \overline{1},1471508$$
$$log\ cos\,\alpha = \overline{1},9671659$$
$$0,2749800$$

$$V = 1^{mc},884\ .$$

234. *Dans un cercle de* 8^m *de rayon, on a mené une corde qui sous-tend un arc de* 62^o21' ; *quelle est la surface du triangle compris entre cette corde et les rayons qui aboutissent à ses extrémités ?*

La surface $S = \frac{1}{2}R^2 sin\,O$, en appelant O l'angle que forment les rayons ; ou $S = 32\ sin\ 62^o21'$.

$$log\ 32 = 1,5051498$$
$$log\ sin\,O = \overline{1},9473352$$
$$1,4524818$$

$$S = 28^{mq},3456\ .$$

235. *Une tour a* 50^m *de circonférence ; les tangentes menées d'un point extérieur font un angle* $\alpha = 18^o$. *Quelle est la distance de ce point au centre ?*

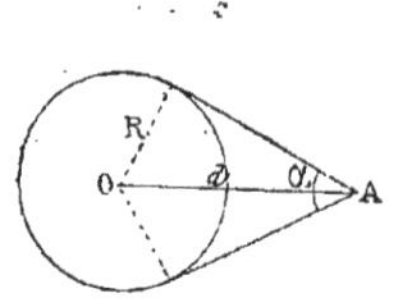

$$\text{On a} \quad R = \frac{50}{2\pi} = \frac{25}{\pi} \, ;$$

$$\text{or} \qquad d = \frac{R}{\sin \frac{1}{2}\alpha} \, ,$$

$$\text{donc} \quad d = \frac{25}{\pi \, \sin 8^\circ\, 40'} \, .$$

$$log \; 25 = 1,397\,940\,01$$
$$\overline{L}\,\pi = \overline{1},502\,8491$$
$$\overline{L}\,sin\,\tfrac{1}{2}\alpha = 0,805\,6676$$

$$1,706\,456\,71.$$

$$d = 50^m,8694, \text{ soit } 50^m,87.$$

236. *Dans le problème précédent, quel serait l'angle des tangentes, si le point extérieur était éloigné de 150ᵐ du centre ?*

$$\text{On a} \qquad cos\,\tfrac{1}{2}\alpha = \frac{R}{d} = \frac{25}{150\pi} = \frac{1}{6\pi} \, .$$

$$\overline{L}\,6 = \overline{1},221\,848\,75$$
$$\overline{L}\,\pi = \overline{1},502\,8491$$

$$\overline{2},724\,697\,85.$$

$$\tfrac{1}{2}\alpha = 3^\circ\,2'\,12'' ; \qquad \alpha = 6^\circ\,4'\,24''.$$

237. *Mesurer la distance d'un lieu A à un autre inaccessible B. La base d'opération AC = 105ᵐ, l'angle A = 62° et l'angle C = 60°.*

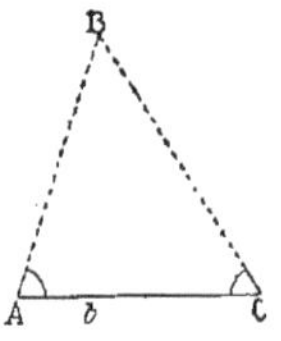

$$c = \frac{b \, sin\,C}{sin\,B} \, .$$

$$log \; b = 2,021\,1893$$
$$log \; sin\,C = \overline{1},937\,5306$$
$$\overline{L}\,sin\,B = 0,071\,5795$$

$$2,030\,2994.$$

$$c = 107^m,226.$$

238. *Deux observateurs distants de 1875ᵐ mesurent au même moment les hauteurs d'un point remarquable d'un* *nuage. Ce point se trouve dans le plan vertical de la base d'observation, et les angles d'élévation ont 75° et 82°; on demande la hauteur du nuage.*

$$h = \frac{BC \sin B \sin C}{\sin A}.$$

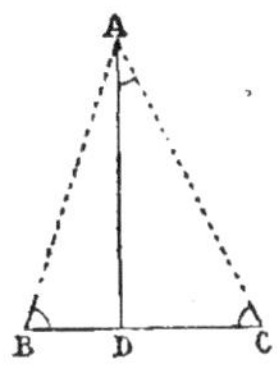

$$log\ BC = 3,2730013$$
$$log \sin B = \overline{1},9849438$$
$$log \sin C = \overline{1},9957528$$
$$\overset{\llcorner}{L} \sin A = 0,4081220$$

$$\rule{3cm}{0.4pt}$$

$$3,6618199$$

$$h = 4590^m,076.$$

239. *Quelle est la vitesse* (espace parcouru en une seconde) *d'un point du parallèle terrestre sur lequel Paris est situé? On suppose le rayon terrestre de* 6366 *kilom., et la latitude de Paris égale à* 48° 50′ 11″.

Soit r le rayon du parallèle et R le rayon terrestre. La circonférence étant parcourue en 24 heures ou 86400 secondes, chaque point parcourt en une seconde $\dfrac{2\pi R}{86400}$.

Or　　$r = R \cos 48° 50′ 11″$;　　donc　　$(\alpha = 48° 50′ 11″)$:

$$v = \frac{2\pi R \cos \alpha}{86400}.$$

$$log\ 2 = 0,30103$$
$$log\ \pi = 0,4971509$$
$$log \cos \alpha = \overline{1},8183655$$
$$\overset{\llcorner}{L}\ 86400 = \overline{5},0634863$$

$$\rule{3cm}{0.4pt}$$

$$\overline{1},4838993.$$

$$v = 0^k,304^m.$$

240. *Calculer la surface d'un trapèze rectangle* ABCD *dans lequel* AB $= 324^m,35$, CD $= 208^m,15$; *l'angle* A $= 90°$ *et l'angle* B $= 32° 25′$. (Sorbonne, 12 juillet 1858.)

$$S = \frac{1}{2}(AB + CD)AD;$$

or　　　　　$AD = AE\ tg\ B = (AB - CD)\ tg\ B.$

Donc $\qquad S \frac{1}{2}(AB+CD)(AB-CD)\,tg\,B.$

$$AB+CD=532,5; \qquad AB-CD=58,1$$
$$log\,(AB+CD)=2,726\,3196$$
$$log\,(AB-CD)=1,764\,1761$$
$$log\,tg\,B=\overline{1},802\,7925$$
$$\overline{4,293\,2882.}$$
$$S=19\,646^{mq},66.$$

241. *Résoudre un triangle, connaissant un côté* $a=1325^m,47$ *et les deux angles adjacents* $B=47°\,28'\,38''$ *et* $C=42°\,27'\,52''$. *On calculera la surface.*

$$A=180°-(B+C)=9°\,3'\,30''.$$

$b=\dfrac{a\,sin\,B}{sin\,A}$	$c=\dfrac{a\,sin\,C}{sin\,A}$
$log\,a=3,122\,3699$	$log\,a=3,122\,3699$
$log\,sin\,B=\overline{1},867\,4726$	$log\,sin\,C=\overline{1},829\,3890$
$\overline{L}\,sin\,A=0,000\,0002$	$\overline{L}\,sin\,A=0,000\,0002$
$2,989\,8427.$	$2,951\,7591.$
$b=976^m,883.$	$c=894^m,866.$

$$S=\frac{1}{2}a^2\frac{sin\,B\;sin\,C}{sin\,A}$$
$$log\,a=6,244\,7398$$
$$log\,sin\,B=\overline{1},867\,4726$$
$$log\,sin\,C=\overline{1},829\,3890$$
$$\overline{L}\,sin\,A=0,000\,0002$$
$$\overline{L}\,2=\overline{1},698\,97$$
$$\overline{5,640\,5716.}$$
$$S=437\,090^{mq}.$$

242. *Résoudre un triangle, connaissant l'angle* $A=47°\,9'\,50''$ *et les côtés* $b=1\,409,75$ *et* $c=1\,189,62.$ *On demande la sur-* *face.*

$$tg\,\frac{1}{2}(C-B)=\frac{c-b}{c+b}\,cot\,\frac{A}{2}. \quad \left\{ \begin{array}{l} c+b=2\,599,37 \\ c-b=379,87. \end{array} \right.$$

$$log\,(c-b)=2,579\,63\,50$$
$$\overline{L}\,(c+b)=\overline{4},585\,1319$$
$$log\,cot\,\frac{1}{2}A=0,360\,0018$$
$$\overline{\overline{1},524\,7687.}$$

$$\frac{1}{2}(C-B) = 18^\circ\ 30'\ 35'',56$$

$$\frac{1}{2}(C+B) = 66^\circ\ 25'\ 5''.$$

$$C = 84^\circ\ 55'\ 40'',56$$
$$B = 47^\circ\ 54'\ 29'',44.$$

$$a = \frac{b\ sin\ A}{sin\ B}$$

$$log\ b = 3,0452253$$
$$log\ sin\ A = \overline{1},8652826$$
$$\overline{L}\ sin\ B = 0,1295543$$
$$\overline{3,0400622.}$$
$$a = 1096,^m6.$$

$$S = \frac{1}{2}\ bc\ sin\ A$$

$$log\ b = 3,0452253$$
$$log\ c = 3,1730755$$
$$log\ sin\ A = \overline{1},8652826$$
$$\overline{L}2 = \overline{1},69897$$
$$\overline{5,7825534.}$$
$$S = 606112^{mq},83.$$

243. *On connaît les trois côtés d'un triangle* $a = 33^m,45$, $b = 42^m,89$, $c = 43^m,17$; *on demande les trois angles et la surface.*

$$
\begin{array}{lll}
p = 59,755\,; & \text{son logarithme est} & 1,7763743 \\
p-a = 26,305\,; & - & 1,4200383 \\
p-b = 16,865\,; & - & 1,2269863 \\
p-c = 16,585\,; & - & 1,2197155 \\
\end{array}
$$

$$2\ log\ r = 2,0903658$$
$$log\ r = 1,0451829.$$

$$tg\ \frac{1}{2}A = \frac{r}{p-a}$$
$$log\ r = 1,0451829$$
$$\overline{L}\,(p-a) = \overline{2},5799617$$
$$\overline{\overline{1},6251446}$$
$$\frac{1}{2}A = 22^\circ\ 52'\ 18'',5$$
$$A = 45^\circ\ 44'\ 37''$$

$$tg\ \frac{1}{2}B = \frac{r}{p-b}$$
$$log\ r = 1,0451829$$
$$\overline{L}\,(p-b) = \overline{2},7730137$$
$$\overline{\overline{1},8181966}$$
$$\frac{1}{2}B = 33^\circ\ 20'\ 35'',3$$

$$tg\ \frac{1}{2}C = \frac{r}{p-c}$$
$$log\ r = 1,0451829$$
$$\overline{L}\,(p-c) = \overline{2},7802845$$
$$\overline{\overline{1},8254674}$$
$$\frac{1}{2}C = 33^\circ\ 47'\ 6'',2$$
$$C = 67^\circ\ 34'\ 12'',4$$

$$S = p - r$$
$$log\ r = 1,0451829$$
$$log\ p = 1,7763743$$
$$\overline{2,8215572}$$
$$S = 663^{mq},07.$$

$$B = 66^\circ\ 41'\ 10'',6. \quad \text{Vérification:} \quad A + B + C = 180^\circ.$$

244. *Résoudre un triangle dans lequel on donne: $a=204^m,182$, $c=394^m,82$ et $C=68° 7' 40'',9$. On calculera la surface.*

$$\sin A = \frac{a \sin C}{c}$$

$$\log a = 2,310\,0176$$
$$\log \sin C = \overline{1},967\,5567$$
$$\overline{L}\,c = \overline{3},403\,6009$$

$$1,681\,1752.$$

$$A = 28° 40' 50'',3 ; \qquad B = 180° - (A+C) = 83° 11' 27'',8.$$

$$b = \frac{c \sin B}{\sin C} \qquad\qquad S = \frac{1}{2}a^2 \frac{\sin B \sin C}{\sin A}$$

$b = \dfrac{c \sin B}{\sin C}$	$S = \dfrac{1}{2}a^2 \dfrac{\sin B \sin C}{\sin A}$
$\log c = 2,596\,3991$	$2 \log a = 4,620\,0352$
$\log \sin B = \overline{1},996\,9261$	$\log \sin B = \overline{1},996\,9261$
$\overline{L} \sin C = 0,032\,4433$	$\log \sin C = \overline{1},967\,5567$
$2,625\,7685.$	$\overline{L}\,2 = \overline{1},698897$
$b = 442^m,443.$	$\overline{L} \sin A = 0,318\,8248$
	$S = 40\,023^{mq},30.$

245. *Quels sont les angles et la surface d'un triangle dont les côtés sont: $a=1260^m$, $b=925^m$ et $c=1073^m$.*

$$p = 1629 ; \quad \text{son logarithme est} \quad 3,211\,921\,10$$
$$p-a = 369 ; \qquad\qquad\quad — \qquad\quad 2,567\,026\,37$$
$$p-b = 704 ; \qquad\qquad\quad — \qquad\quad 2,847\,572\,66$$
$$p-c = 556 ; \qquad\qquad\quad — \qquad\quad 2,745\,074\,79$$

$$2 \log r = 4,947\,752\,72$$
$$\log r = 2,473\,876\,36.$$

$tg\,\dfrac{1}{2}A = \dfrac{r}{p-a}$	$tg\,\dfrac{1}{2}C = \dfrac{r}{p-c}$
$\log r = 2,473\,876\,36$	$\log r = 2,473\,876\,36$
$\overline{L}\,(p-a) = \overline{3},432\,973\,63$	$\overline{L}\,(p-c) = \overline{3},254\,925\,21$
$\overline{1},906\,849\,99$	$\overline{1},728\,801\,57$
$\dfrac{1}{2}A = 38° 54' 6'',3$	$\dfrac{1}{2}C = 28° 10' 19'',7$
$A = 77° 48' 12'',6$	$C = 56° 20' 39'',4$
$tg\,\dfrac{1}{2}B = \dfrac{r}{p-b}$	$S = pr$

$$\log r = 2{,}47387636 \qquad \log r = 2{,}47387636$$
$$\bar{L}(p-b) = \bar{3}{,}15242734 \qquad \log p = 3{,}21192110$$
$$\overline{1{,}62630370.} \qquad \overline{5{,}68579746.}$$
$$\tfrac{1}{2}B = 22^{\circ}\,55'\,34''. \qquad S = 485062^{\text{mq}}.$$

$$B = 45^{\circ}\,51'\,8''. \qquad \text{Vérification :} \quad A+B+C=180^{\circ}.$$

246. *Résoudre un triangle, connaissant* $a = 5777^{\text{m}}$, $A = 40^{\circ}\,56'$ *et* $B = 54^{\circ}\,16'\,8'',48$. *On demande la surface.*

$$C = 180^{\circ} - (A+B) = 84^{\circ}\,47'\,51'',52.$$

$$b = \frac{a\,\sin B}{\sin A} \qquad\qquad c = \frac{a\,\sin C}{\sin A}$$
$$\log a = 3{,}7617024 \qquad \log a = 3{,}7617024$$
$$\log \sin B = \bar{1}{,}9094319 \qquad \log \sin C = \bar{1}{,}9982073$$
$$\bar{L}\,\sin A = 0{,}1836391 \qquad \bar{L}\,\sin A = 0{,}1836391$$
$$\overline{3{,}8547734} \qquad\qquad \overline{3{,}9435488.}$$
$$b = 7157^{\text{m}},7. \qquad\qquad c = 8781^{\text{m}},1.$$

$$S = \tfrac{1}{2}a^{2}\,\frac{\sin B\,\sin C}{\sin A}.$$

$$\bar{L}\,2 = \bar{1}{,}69897$$
$$2\,\log a = 7{,}5234048$$
$$\log \sin B = \bar{1}{,}9094319$$
$$\log \sin C = \bar{1}{,}9982073$$
$$\bar{L}\,\sin A = 0{,}1836391$$
$$\overline{7{,}3136531.}$$
$$S = 20589850^{\text{mq}}.$$

247. *Calculer les angles et la surface d'un triangle dont les côtés sont :* $a = 12418^{\text{m}},78$, $b = 28381^{\text{m}},17$ *et* $c = 34218^{\text{m}},95$.

(École Polytechnique, 1866.)

$$p = 37509{,}45 ; \quad \text{son logarithme est} \quad 4{,}5741407$$
$$p-a = 25090{,}67 ; \qquad\qquad - \qquad\qquad 4{,}3995123$$
$$p-b = 9128{,}28 ; \qquad\qquad - \qquad\qquad 3{,}9603889$$
$$p-c = 3290{,}50 ; \qquad\qquad - \qquad\qquad 3{,}5172619$$
$$\overline{2\,\log r = 7{,}3030224}$$
$$\log r = 3{,}6515112.$$

$$tg\ \tfrac{1}{2}A = \frac{r}{p-a}$$
$$log\ r = 3,651\,5112$$
$$\bar{L}\,(p-a) = \bar{5},600\,4877$$
$$\overline{2},251\,9989$$
$$\tfrac{1}{2}A = 10°\,7'\,44'',185$$
$$A = 20°\,15'\,28'',37$$
$$tg\ \tfrac{1}{2}C = \frac{r}{p-c}$$
$$log\ r = 3,651\,5112$$
$$\bar{L}\,(p-c) = \bar{4},482\,7381$$
$$0,134\,2493$$
$$\tfrac{1}{2}C = 53°\,54'\,4'',41.$$

$$tg\ \tfrac{1}{2}B = \frac{r}{p-b}$$
$$log\ r = 3,651\,5112$$
$$\bar{L}\,(p-b) = \bar{4},039\,6111$$
$$\overline{1},691\,1223$$
$$\tfrac{1}{2}B = 26°\,9'\,11'',405$$
$$B = 52°\,18'\,22'',81$$
$$S = pr$$
$$log\ r = 3,651\,5112$$
$$log\ p = 4,574\,1407$$
$$8,225\,6519$$
$$S = 168\,132\,660^{mq}.$$

$$C = 107°\,26'\,8'',82. \qquad \text{Vérification :} \quad A+B+C = 180°.$$

248. *Calculer la hauteur d'un édifice accessible; la base mesurée a* 28ᵐ, *et l'angle observé* 48° 10'.
(Figure du probl. 191.)

$$b = ctg\ B$$
$$log\ c = 1,447\,1580$$
$$log\ tg\ B = 0,048\,1039$$
$$1,495\,2619$$
$$b = 31^m,279\,65.$$

249. *Calculer la hauteur d'une tour inaccessible; la base mesurée a* 48ᵐ, *et les angles d'élévation* 44° 7' *et* 122° 23'.
(Figure du probl. 192.)

$$h = \frac{CD\ sin\ D\ sin\ C}{sin\ CBD}.$$

$$CBD = 13°\,30'. \qquad log\ CD = 1,681\,2412$$
$$log\ sin\ D = \bar{1},842\,6851$$
$$log\ sin\ C = \bar{1},926\,5913$$
$$\bar{L}\ sin\ CBD = 0,631\,8147$$
$$2,082\,3323$$
$$h = 120^m,8738.$$

250. *Déterminer la hauteur d'une tour verticale qui donne* $54^m,25$ *d'ombre lorsque le soleil est élevé de* $49° 30'$ *au-dessus de l'horizon.*

(*Figure du probl.* 191.)

$$b = c \, tg \, \mathrm{B}$$
$$log \; c = 1,734\,3997$$
$$log \; tg \; \mathrm{B} = 0,068\,5011$$
$$\overline{\qquad\qquad 1,802\,9008}$$
$$b = 63,^m518\,58.$$

251. *Une hélice enroulée sur un cylindre dont le diamètre égale* $1^m,25$, *rampe sous un angle de* $15° 8' 9''$. *On demande* $1°$ *quelle est la longueur de cette hélice;* $2°$ *quel en est le pas.*

L'hélice est l'hypoténuse d'un triangle rectangle dont un côté de l'angle droit est égal à la circonférence rectifiée, et dont un angle aigu est donné.

Soit a cette hypoténuse, et b le pas de l'hélice.

$a = \dfrac{\pi d}{cos \, \mathrm{B}}.$	$b = \pi d \, tg \, \mathrm{B}$
$log \, \pi = 0,497\,1509$	$log \, \pi = 0,497\,1509$
$log \, d = 0,096\,9100$	$log \, d = 0,096\,9100$
$\overline{\mathrm{L}} \, cos \, \mathrm{B} = 0,015\,3334$	$log \, tg \, \mathrm{B} = \overline{1},432\,1540$
$0,609\,3943.$	$0,026\,2149.$
$a = 4^m,068.$	$b = 1^m,062.$

252. *Trouver la hauteur d'une tour dont le pied est accessible. On sait que la hauteur du graphomètre est de* $1^m,10$, *que la base d'opération a* $83^m,57$, *et que le rayon visuel mené au sommet de la tour fait avec l'horizon un angle de* $39°17'29''$.

(*Figure du probl.* 191.)

$$b = c \, tg \, \mathrm{B}$$
$$log \; c = 1,922\,0504$$
$$log \; tg \; \mathrm{B} = \overline{1},912\,8805$$
$$\overline{\qquad\qquad 1,834\,9309.}$$

$$b = 68^m,38. \qquad \text{Or} \quad h = b + 1,10 = 69^m,48.$$

253. *Trouver la distance d'un point* A *à un point inaccessible* B. *On sait que la base d'opération a* $115^m,45$ *et que les*

deux angles adjacents ont, l'un 49°17' 28'', et l'autre 36° 24' 33''.
(Figure du probl. 237.)

$$c = \frac{b \, sin \, C}{sin \, B}.$$

$$log \, b = 2,062\,3939$$
$$log \, sin \, C = \overline{1},773\,4556$$
$$\overline{L} \, sin \, B = 0,001\,2244$$
$$\overline{}$$
$$1,837\,0739.$$
$$c = 68^{m},718.$$

254. *Calculer la distance de deux points inaccessibles* C
et D. *On donne la base d'opération* AB $= 3784^{m}$ *et les angles*
CAB $= 87°\,25'$,   BCA $= 46°\,34'$,   DAB $= 47°\,32'$,   DBA $= 84°\,35'$.
(Sorbonne, 26 juillet 1855; 19 août 1859.)

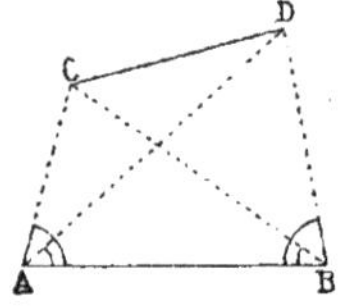

Calcul de AC $= d$.   AC $= \dfrac{AB \, sin \, ABC}{sin \, ACB}.$

$$log \, AB = 3,577\,9511$$
$$log \, sin \, ABC = \overline{1},861\,0412$$
$$\overline{L} \, sin \, ACB = 0,142\,9439$$
$$\overline{}$$
$$log \, d = 3,581\,9362.$$

Calcul de AD $= c$.   AD $= \dfrac{AB \, sin \, ABD}{sin \, ADB}.$

ADB $= 47°\,53$. $log \, AB = 3,577\,9511$
$$log \, sin \, ABD = \overline{1},988\,0563$$
$$\overline{L} \, sin \, ADB = 0,129\,7244$$
$$\overline{}$$
$$log \, c = 3,705\,7318.$$

Calcul des angles C et D du triangle CAD.

$$tg \, \tfrac{1}{2}(C - D) = tg \, (45° - \varphi) \, cot \, \tfrac{1}{2}A.$$

$\tfrac{1}{2} A = 10°\,56'\,30''$. $tg \, \varphi \dfrac{c}{d}$; $log \, tg \, \varphi = log \, c - log \, d = 0,123\,7956$.

$$\varphi = 53°\,3'\,27'',7; \quad 45° - \varphi = 8°\,3'\,27'',7.$$
$$log \, tg \, (45° - \varphi) = 0,150\,9627$$
$$log \, cot \, \tfrac{1}{2} A = 0,440\,3116$$
$$\overline{}$$
$$\overline{1},591\,2743.$$

$$\frac{1}{2}(C-D)=21° 18' 54''$$
$$\frac{1}{2}(C+D)=70° 3' 30''$$
$$C=81° 22' 24''$$
$$D=48° 44' 36''.$$

Calcul de CD. $CD=\dfrac{d \, sin \, A}{sin \, D}$.

$$log \, d=3,5819362$$
$$log \, sin \, A=\overline{1},8070114$$
$$\overline{L} \, sin \, D=0,1239190$$
$$\overline{3,5128666.}$$
$$CD=3\,257^m,36.$$

255. *Résoudre un triangle rectangle, connaissant l'hypoténuse* $a=4\,320^m$, *et la hauteur correspondante* $h=2\,073^m,60$.
On calculera la surface.

$$b+c=\sqrt{a(a+2h)}, \qquad b-c=\sqrt{a(a-2h)}.$$

$a+2h=8\,467,20$	$a-2h=172,80$
$log \, a=3,6354837$	$log \, a=3,6354837$
$log \, (a+2h)=3,9277398$	$log \, (a-2h)=2,2375437$
$\overline{7,5632235}$	$\overline{5,8730274}$
$\frac{1}{2}=3,7816118$	$\frac{1}{2}=2,9365137$
$b+c=6\,048.$	$b-c=864.$

$$b=3\,456^m$$
$$c=2\,592^m$$

$$tg \, B=cot \, C=\frac{b}{c}; \quad B=53° 7' 48'',36$$
$$C=36° 52' 11'',64$$
$$S=4\,478\,976^{mq}.$$

256. *Un triangle rectangle a une surface de* $81\,678^{mq},3640$;
l'un de ses angles a 38° 51' 20''. *On demande les autres éléments de ce triangle.*

$$C=90° - B=51° 8' 40''.$$

De $S=\dfrac{1}{2}a^2 \, sin \, B \, cos \, B$, on tire $a=\sqrt{\dfrac{2S}{sin \, B \, cos \, B}}$.

$$log\ 2 = 0{,}30103$$
$$log\ S = 4{,}9121071$$
$$\overline{L}\ sin\ B = 0{,}2024837$$
$$\overline{L}\ cos\ B = 0{,}1086131$$
$$\overline{}$$
$$5{,}5242339.$$

$$\frac{1}{2} = 2{,}7621169$$

$$a = 578^{m}{,}25165.$$

$b = a\ sin\ B$	$c = a\ cos\ B$
$log\ a = 2{,}7621169$	$log\ a = 2{,}0621169$
$log\ sin\ B = \overline{1}{,}7975163$	$log\ cos\ B = \overline{1}{,}8913869$
$2{,}5596332$	$2{,}6535038$
$b = 362^{m}{,}7715.$	$c = 450{,}^{m}3019.$

257. *Un des angles d'un triangle a* 35° 18′ 46″, *les deux côtés qui le comprennent ont* 87^{m} *et* 72^{m}; *on demande la surface en ares et en centiares.*

$$S = \frac{1}{2}ab\ sin\ C$$

$$\overline{L}2 = \overline{1}{,}69897$$
$$log\ a = 1{,}9395193$$
$$log\ b = 1{,}8573325$$
$$log\ sin\ C = \overline{1}{,}7619576$$
$$\overline{}$$
$$3{,}2577794.$$

$$S = 1810{,}4204.\qquad \text{Rép.}\quad 18\ ares\ 10\ centiares\ 4204.$$

258. *Calculer la surface d'un triangle isocèle de* 176^{m},40 *de hauteur, l'angle au sommet étant de* 47°24′ 18″.

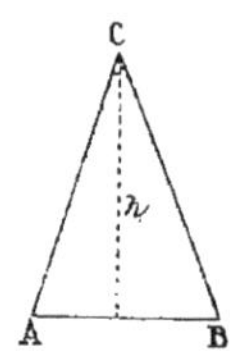

$$S = h^{2}\ tg\ \frac{1}{2}C;\quad \frac{1}{2}C = 23° 42′ 9″$$

$$2\ log\ h = 4{,}4929972$$

$$log\ tg\ \frac{1}{2}C = \overline{1}{,}6424857$$

$$\overline{}$$

$$4{,}1354829.$$

$$S = 13661^{mq}{,}012.$$

259. *Dans un triangle* ABC, *on a* $a = 60^{m}$, $b = 40^{m}$, $c = 42^{m}$;

on demande la longueur de la médiane AD *et les angles qu'elle forme avec* BC.

1re *Solution*. La Géométrie donne :

$$c^2 + b^2 = 2\overline{AD}^2 + 2 \cdot \frac{a^2}{4} \ ;$$

d'où $\quad AD = \sqrt{\dfrac{c^2 + b^2}{2} - \dfrac{a^2}{4}} = 27,96.$

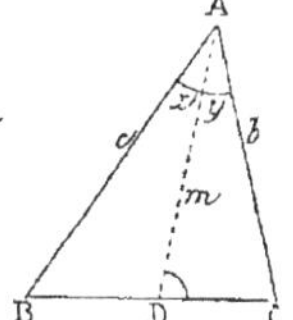

Dans le triangle ADC on connaît les trois côtés : $\ AD = m = 27^m,96, \ AC = b = 40^m$ et $\ DC = a' = 30^m.$

$$
\begin{aligned}
p &= 48,98; &\text{son logarithme est}& \quad 1,7900188 \\
p - m &= 21,02; & — & \quad 1,3226327 \\
p - a' &= 18,98; & — & \quad 1,2782962 \\
p - b &= 8,98; & — & \quad 0,9532763.
\end{aligned}
$$

$$tg\ \tfrac{1}{2}D = \sqrt{\frac{(p-m)(p-a')}{p(p-b)}}\ ; \quad log\ tg\ \tfrac{1}{2}D = \overline{1},9788169$$

d'où $\qquad \dfrac{1}{2}D = 43^\circ\ 36'\ 11'' \left\{ \begin{aligned} ADC &= 87^\circ\ 12'\ 22'' \\ ADB &= 92^\circ\ 47'\ 38''. \end{aligned} \right.$

2e *Solution*. On peut obtenir la médiane AD sans recourir à la formule géométrique : on calcule l'un des angles du triangle donné, par exemple, $B = 41^\circ 41' 1'',94$. Alors, dans le triangle ABD, on a deux côtés et l'angle compris; le reste s'en déduit facilement. De plus, on a un résultat plus exact; car, dans la solution précédente, la médiane n'a été prise qu'avec deux décimales. Voici le calcul :

$$tg\ \tfrac{1}{2}B = \sqrt{\frac{11 \times 29}{71 \times 30}} = \sqrt{\frac{319}{2201}},$$

$$
\begin{aligned}
log\ 319 &= 2,5037907 \\
\overline{L}\ 2201 &= \overline{4},6573800 \\
\hline
&\ \ \overline{1},1611707.
\end{aligned}
$$

$$\tfrac{1}{2} = \overline{1},5805853.$$

$$\tfrac{1}{2}B = 20^\circ\ 50'\ 30'',97; \quad B = 41^\circ\ 41'\ 1'',94.$$

$$\tfrac{1}{2}(D - x) = \tfrac{1}{6}\ cot\ \tfrac{B}{2}.$$

$$log \ cot \ \tfrac{1}{2} B = 0,419\,4147$$

$$\overline{L}\,6 = \overline{1},221\,8487$$

$$\overline{1},641\,2634.$$

$$\tfrac{1}{2}(D-x) = 23^\circ\,38'\,35'',52 \quad\left\{\begin{array}{l} D = 92^\circ\,48'\,4'',55 \\ x = 45^\circ\,30'\,54'',11. \end{array}\right.$$

$$\tfrac{1}{2}(D+x) = 69^\circ\,9'\,29'',63$$

$$AD = \frac{DC \ sin \ B}{sin \ x} = 27^m,964\,264.$$

3e *Solution.* On peut encore commencer par calculer l'angle A, puis les parties x et y de cet angle, à l'aide de la relation démontrée au problème 204 :

$$\frac{sin \ x}{sin \ y} = \frac{b}{c}; \quad \text{d'où} \quad \frac{sin \ x - sin \ y}{sin \ x + sin \ y} = \frac{b-c}{b+c},$$

ou

$$\frac{tg \ \tfrac{1}{2}(x-y)}{tg \ \tfrac{1}{2}A} = \frac{b-c}{b+c}.$$

La mediane s'en déduit comme précédemment.

260. *Calculer le rayon du cercle circonscrit à un triangle dont un côté $a = 354^m,20$ et l'angle opposé à ce côté $A = 55^\circ\,49'\,22''$.*

$$R = \frac{a}{2 \ sin \ A}.$$

$$log \ a = 2,549\,2496$$
$$\overline{L}\,2 = \overline{1},698\,97$$
$$\overline{L}\,sin \ A = 0,082\,3349.$$

$$2,330\,5535. \qquad R = 214^m,0591.$$

261. *Calculer le volume engendré par un secteur circulaire AOB tournant autour d'un rayon $OA = 3^m$, sachant que l'angle au centre $\alpha = 23^\circ\,37'$.* (Sorbonne, 1er août 1862.)

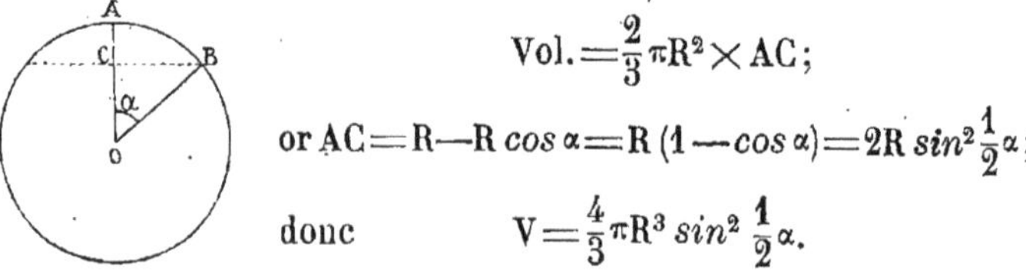

$$\text{Vol.} = \tfrac{2}{3}\pi R^2 \times AC;$$

$$\text{or } AC = R - R \ cos \ \alpha = R\,(1 - cos \ \alpha) = 2R \ sin^2 \tfrac{1}{2}\alpha;$$

donc

$$V = \tfrac{4}{3}\pi R^3 \ sin^2 \tfrac{1}{2}\alpha.$$

$$log\ 4 = 0,602\,06$$
$$log\ \pi = 0,497\,1499$$
$$3\ log\ R = 1,431\,3639$$
$$2\ log\ sin\ \tfrac{1}{2}\alpha = \overline{2},621\,9744$$
$$\overline{L}\ 3 = \overline{1},522\,8787$$
$$\overline{}$$
$$0,675\,4269.$$
$$V = 4^{mc},736\,163.$$

262. *Calculer à $0'',1$ près l'angle au sommet d'un triangle isocèle dont la base est égale à $3452^{m},634$, et la surface égale à 5864372^{mq}.*

De la formule $\quad S = b^2\ tg\ \tfrac{1}{2}B$, $\quad$ on tire $\quad tg\ \tfrac{1}{2}B = \dfrac{S}{b^2}$.

$$log\ S = 6,768\,2155$$
$$2\,\overline{L}\ b = \overline{8},923\,6988$$
$$\overline{}$$
$$\overline{1},691\,9143.$$

$$\tfrac{1}{2}B = 26°\,11'\,40'',3. \qquad B = 52°\,23'\,20'',6.$$

263. *Calculer la surface d'un triangle, connaissant la hauteur $h = 4590^{m},076$ et les angles α et β qu'elle forme avec les deux côtés adjacents; savoir : $\alpha = 8°$ et $\beta = 15°$.*

$$S = \tfrac{1}{2}\,h^2\ tg\ \alpha + \tfrac{1}{2}\,h^2\ tg\ \beta = \tfrac{1}{2}\,h^2\,(tg\ \alpha + tg\ \beta) = \frac{h^2\ sin\ (\alpha + \beta)}{2\ cos\ \alpha\ cos\ \beta}.$$

$$2\ log\ h = 7,323\,6400$$
$$log\ sin\ (\alpha + \beta) = \overline{1},591\,8780$$
$$\overline{L}\ 2 = \overline{1},698\,9700$$
$$\overline{L}\ cos\ \alpha = 0,015\,0562$$
$$\overline{L}\ cos\ \beta = 0,004\,2472$$
$$\overline{}$$
$$6,633\,7914.$$
$$S = 4303199^{mq}.$$

264. *Quel est le volume engendré par un triangle ABC tournant autour de AB, étant donnés : $a = 248^{m}5678$, $b = 549^{m},8725$ et $c = 456^{m},9234$?*

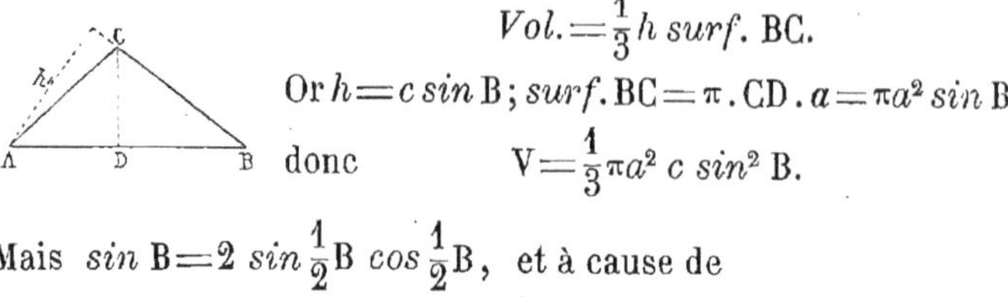

$$Vol. = \frac{1}{3} h \; surf. \; BC.$$

Or $h = c \sin B$; $surf. BC = \pi . CD . a = \pi a^2 \sin B$;

donc $\quad V = \frac{1}{3} \pi a^2 c \sin^2 B.$

Mais $\sin B = 2 \sin \frac{1}{2} B \cos \frac{1}{2} B$, et à cause de

$$\sin \frac{1}{2} B = \sqrt{\frac{(p-a)(p-c)}{ac}} \quad \text{et} \quad \cos \frac{1}{2} B = \sqrt{\frac{p(p-b)}{ac}};$$

donc $\sin B = \frac{2}{ac} \sqrt{p(p-a)(p-b)(p-c)}$, et par suite :

$$V = \frac{4\pi}{3c} p(p-a)(p-b)(p-c);$$

$$2p = 1255,3637, \quad p = 627,68185, \quad p-a = 379,11405,$$

$$p-b = 77,80937, \quad p-c = 170,75845.$$

$$\log 4 = 0,6020600$$
$$\log \pi = 0,4971499$$
$$\log p = 2,7977396$$
$$\log (p-a) = 2,5787699$$
$$\log (p-b) = 1,8910318$$
$$\log (p-c) = 2,2323823$$
$$\overline{L} \, 3 = \overline{1},5228787$$
$$\overline{L} \, c = \overline{3},3401565$$

$$\overline{}$$

$$7,3621687.$$

$$V = 23\,023\,360^{mc}.$$

§ III. — Questions proposées à divers Examens.

265. *Quel est l'angle du 1er quadrant dont le sinus est égal à* $\frac{\sqrt{2}}{\sqrt{3}}$? (Sorbonne, 7 août 1860, 17 juillet 1862.)

$$\sin x = \sqrt{\frac{2}{3}}; \quad \log \sin x = \frac{1}{2}(\log 2 - \log 3) = \overline{1},9119543$$

$$x = 54° 44' 8'',18.$$

266. *Calculer à 0″,1 l'arc du 1ᵉʳ quadrant dont la tangente*
est $\sqrt{\frac{2}{3}}$. (Sorbonne, 27 avril 1860.)

$$\log tg\, x = \frac{1}{2}(\log 2 - \log 3) = \overline{1},911\,954\,3.$$

$$x = 39°13'53'',46.$$

267. *La tangente d'un angle étant égale à 1, quel est son
sinus?* (Sorbonne, 29 juillet 1859.)

Le plus petit angle dont la tangente est 1, est l'angle 45°;
son sinus est $\frac{1}{2}\sqrt{2}$. L'angle de 125° a la même tangente, son
sinus est égal et de signe contraire au précédent.

Donc $\qquad\qquad\qquad sin\, x = \pm\frac{1}{2}\sqrt{2}.$

268. *Calculer, à l'aide des formules trigonométriques, et à
à 0,0001 près, la tangente de 30°.* (Sorbonne, 12 juillet 1859.)

$$tg\, 30° = \frac{sin\, 30°}{cos\, 30°} = \frac{\frac{1}{2}}{\frac{1}{2}\sqrt{3}} = \sqrt{\frac{1}{3}} \quad ou \quad \frac{1}{3}\sqrt{3}$$

$$tg\, 30° = 0,577\,3.$$

269. *Étant donné un arc $a = 17°35'44'',2$, calculer un
autre arc x, tel qu'on ait : $sin\, x = 2\, sin\, a$.* (Sorbonne,
26 avril 1859.)

$$\log 2 = 0,301\,03$$
$$\log sin\, a = \overline{1},480\,432\,5$$
$$\overline{\overline{1},781\,462\,5}$$
$$x = 37°11'58'',18.$$

270. *Le cosinus d'un angle compris entre 90° et 180° étant
égal à − 0,358, on demande de calculer à 0,001 près, et sans
faire usage des logarithmes, le cosinus de la moitié de cet
angle?* (Sorbonne, 7 novembre 1859, 7 novembre 1861, 14 juillet 1862, 9 novembre 1863.)

Soit x l'angle dont on demande le cosinus, on a :

$$cos\, \frac{1}{2}x = \sqrt{\frac{1+cos\, x}{2}} = \sqrt{\frac{1-0,358}{2}} = 0,5667.$$

271. *Le sinus d'un angle étant* $\frac{1}{4}$, *on demande les valeurs du sinus et du cosinus de la moitié de cet angle.* (Sorbonne, 16 novembre 1860, 16 juillet 1862, 4 novembre 1863.)

$$\sin\tfrac{1}{2}a = \frac{\pm\sqrt{1+\sin a}\pm\sqrt{1-\sin a}}{2} = \frac{\pm\sqrt{5}\pm\sqrt{3}}{4} \quad \text{ou} \quad \pm 0,99203.$$

$$\cos\tfrac{1}{2}a = \frac{\pm\sqrt{1+\sin a}\mp\sqrt{1-\sin a}}{2} = \frac{\pm\sqrt{5}\mp\sqrt{3}}{4} \quad \text{ou} \quad \pm 0,12600.$$

272. *Étant donné* $\cos a = 0,85742$, *on demande de calculer* $\sin\tfrac{1}{2}a$ *et* $\cos\tfrac{1}{2}a$. (Sorbonne, 29 novembre 1859.)

$$\cos\tfrac{1}{2}a = \sqrt{\frac{1+\cos a}{2}} = 0,96369.$$

$$\sin\tfrac{1}{2}a = \sqrt{\frac{1-\cos a}{2}} = 0,26700.$$

273. *Quels sont les angles compris entre* 0 *et* 1000° *qui ont pour cosinus* +0,548? (Sorbonne, 29 juillet 1859, 2 août 1864.)

Soit x le plus petit angle.

$$\log x = \overline{1},7387806; \quad x = 56°46'12''.$$

Les autres qui ont même cosinus sont :

$$360-x = 303°13'48''.$$
$$360+x = 416°46'12''.$$
$$2\times360-x = 663°13'48''.$$
$$2\times360+x = 777°46'12''.$$

274. *On sait que le sinus d'un arc compris entre* 90° *et* 180° *a pour valeur* 0,75825; *on demande de calculer le cosinus, la tangente, la cotangente, la sécante et la cosécante du même arc, en affectant chaque valeur du signe convenable.* (Sorbonne, 22 juillet 1859.)

L'arc étant terminé dans le 2e quadrant, le sinus et la cosécante sont positifs.

$$sin\ x = + 0,75825,$$
$$cos\ x = \sqrt{1 - sin^2\ x} = -0,652,$$
$$tg\ x = \frac{sin\ x}{cos\ x} = -1,163,$$
$$cot\ x = \frac{1}{tg\ x} = -0,860,$$
$$séc\ x = \frac{1}{cos\ x} = -1,534,$$
$$coséc\ x = \frac{1}{sin\ x} = 1,319.$$

275. *Trouver entre 0° et 45° un angle tel que la somme de son sinus et de son cosinus égale 1,15.* (Sorbonne, 16 novembre 1861.)

On doit avoir $\qquad sin\ x + cos\ x = a \qquad (1),$

d'ailleurs $\qquad sin^2 x + cos^2 x = 1 \qquad (2).$

Élevons (1) au carré et retranchons-en (2),

il vient : $\qquad 2\ sin\ x\ cos\ x = a^2 - 1$

ou $\qquad sin\ 2x = a^2 - 1 = 0,3225.$

$$log\ 0,3225 = \overline{1},5085297;\quad 2x = 18°48'50'',8.$$
$$x = 9°24'25'',4.$$

276. *Calculer, avec 7 chiffres décimaux, la valeur de l'expression* : $\dfrac{sin\ 7x}{sin\ x} - 2\ cos\ 2x - 2\ cos\ 4x - 2\ cos\ 6x,$ *quand on suppose* $x = 83°24'36''.$ (Sorbonne, 20 juillet 1861.)

Réduisons tous les termes au même dénominateur :

$$\frac{sin\ 7x - 2\ sin\ x\ cos\ 2x - 2\ sin\ x\ cos\ 4x - 2\ sin\ x\ cos\ 6x}{sin\ x}$$

Or remarquons que la formule : $sin(a+b) - sin(a-b) = 2\ sin\ b\ cos\ a$ devient, en faisant $a = mb$:

$$sin(m+1)b - sin(m-1)b = 2\ sin\ b\ cos\ mb.$$

Donnons successivement à m les valeurs 2, 4, 6, et faisons $b = x$, il vient :

$$sin\ 3x - sin\ x = 2\ sin\ x\ cos\ 2x$$
$$sin\ 5x - sin\ 3x = 2\ sin\ x\ cos\ 4x$$
$$sin\ 7x - sin\ 5x = 2\ sin\ x\ cos\ 6x$$

relations qui réduisent l'expression proposée à

$$\frac{\sin x}{\sin x}=1.$$

Donc la valeur *constante* de l'expression est 1.

277. *Calculer l'angle* x *déterminé par la relation suivante :*
$\sin(x+45°)+\sin(x+75°)=\sin 82°$. (Sorbonne, 23 juillet 1862.)

$$\sin(x+45°)+\sin(x+75°)=2\sin(x+60°)\cos 15°=\sin 82°;$$

d'où
$$\sin(x+60°)=\frac{\sin 82°}{2\cos 15°}$$

$$\log \sin 82°=\overline{1},9957528$$
$$\overline{L}2=\overline{1},69897$$
$$\overline{L}\cos 15°=0,0150562$$
$$\overline{}$$
$$\overline{1},7097790$$

$$x+60°=30°50'13'',9$$
$$x=-29°\ 9'46'',1.$$

278. *On donne la base* a *d'un triangle et les angles adja-cents* B *et* C; *quel est le côté du carré inscrit dans ce triangle?*
(Saint-Cyr, examens oraux, 1864.)

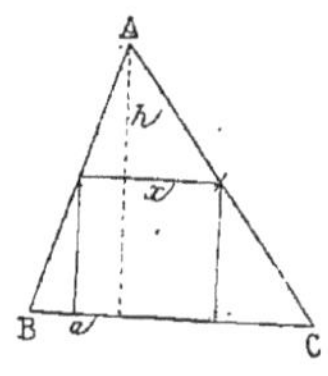

Soit x le côté du carré inscrit.
Appelons h la hauteur du triangle.

On a : $\dfrac{x}{h-x}=\dfrac{a}{h}$ ou $\dfrac{x}{h}=\dfrac{a}{a+h}$;

d'où $\quad x=\dfrac{ah}{a+h}$. Mais $h=b\sin C$,

donc $\qquad x=\dfrac{ab\sin C}{a+b\sin C}.$

279. *D'un point* M, *pris sur une circonférence de rayon donné* R, *on abaisse une perpendiculaire* MP *sur le rayon* OA. *On demande de déterminer le point* M *par la condition que la surface du triangle* OMP *soit égale à un carré donné* m². (Saint-Cyr, 1864.)

Soit x l'angle MOP.

La surface du triangle $\quad S = \dfrac{MP \times OP}{2}$

ou $\qquad \dfrac{R^2 \sin x \cos x}{2} = m^2;$

d'où $2R^2 \sin x \cos x = 4m^2$ ou $\sin 2x = \dfrac{4m^2}{R^2}.$

$$\text{Réponse} \quad \sin 2x = \frac{4m^2}{R^2}.$$

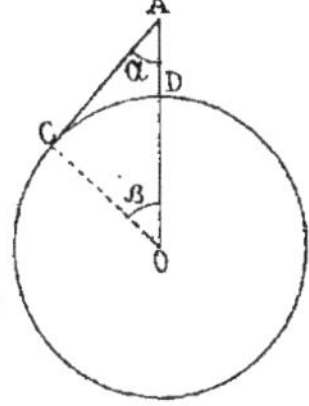

280. *Un observateur est placé en* A *sur le sommet d'une montagne, et sa vue s'étend jusqu'à un point* C *à l'horizon; il sait que le rayon visuel* AC *fait un angle* α *avec la verticale* OA *; le rayon* R *de la terre étant d'ailleurs connu, calculer la hauteur de la montagne.* (Saint-Cyr, examens oraux, 1864.)

Soit AD $=x$ la hauteur cherchée, α l'angle donné et ϐ son complément.

$$R = OA \cos ϐ = (R + x) \cos ϐ;$$

d'où $\qquad x = \dfrac{R(1 - \cos ϐ)}{\cos ϐ}$

ou $\qquad x = \dfrac{2R \sin^2 \frac{1}{2} ϐ}{\cos ϐ}.$

281. *Trouver la condition pour que le rayon du cercle circonscrit à un triangle soit égal au triple du rayon du cercle inscrit.* (Saint-Cyr, examens oraux, 1864.)

On a $\quad abc = 4RS \quad$ et $\quad S = pr,\quad$ d'où $\quad R = \dfrac{abc}{4S} \quad$ et $\quad r = \dfrac{S}{p};$

on doit donc avoir $\dfrac{abc}{4S} = \dfrac{3S}{p}$, ou $p\,abc = 12p(p-a)(p-b)(p-c).$

Donc la condition est $\quad abc = 12(p-a)(p-b)(p-c).$

282. *D'un point* M *extérieur à deux parallèles on abaisse une perpendiculaire commune* MAB *et une oblique* MNP, *telle que la partie* NP *interceptée soit égale à une longueur donnée* d. *On connaît la distance des parallèles* AB $=$ a *et la distance* MA $=$ b, *et l'on demande de calculer l'angle* M $=x$. (Saint-Cyr, examens oraux, 1864.)

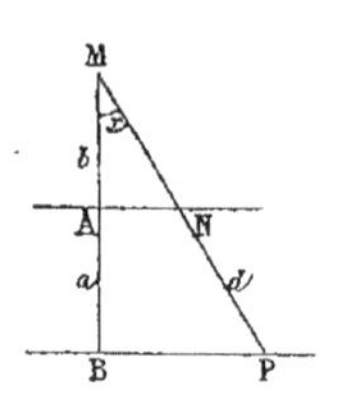

On a
$$MN = \frac{AM}{\cos x} = \frac{b}{\cos x};$$

or les triangles semblables MAN, MBP donnent

$$\frac{MN}{MP} = \frac{AM}{BM} \quad \text{ou} \quad \frac{\dfrac{b}{\cos x}}{\dfrac{b}{\cos x} + d} = \frac{b}{b+a}$$

ou
$$\frac{b}{b + d\cos x} = \frac{b}{b+a}; \quad \text{d'où} \quad \cos x = \frac{a}{d},$$

ce qui était évident *à priori*.

283. *Résoudre l'équation :*
$$\sin x \, tg \, x + 2\cos x = m.$$

On indiquera les conditions de possibilité du problème. (Saint-Cyr, examens oraux 1864.)

Remplaçons $tg \, x$ par $\dfrac{\sin x}{\cos x}$, il vient :

$$\sin^2 x + 2\cos^2 x = m \cos x \quad \text{ou} \quad 1 - \cos^2 x + 2\cos^2 x = m \cos x,$$

ou $\quad \cos^2 x - m \cos x + 1 = 0; \quad$ d'où $\quad \cos x = \dfrac{m}{2} \pm \sqrt{\dfrac{m^2}{4} - 1}.$

Pour que le problème soit possible, il faut que l'on ait :

$$1^\circ \quad m^2 \geqq 4 \quad \text{ou} \quad m \geqq 2; \quad 2^\circ \quad \frac{m}{2} \leqq \sqrt{\frac{m^2}{4} - 1} \leqq 1.$$

Alors on peut mettre $\dfrac{m}{2}$ en facteur et écrire :

$$\cos x = \frac{m}{2}\left(1 \pm \sqrt{1 - \frac{4}{m^2}}\right).$$

Écrivons $\dfrac{4}{m^2} = \sin^2 \varphi$: $\cos x = \dfrac{m}{2}(1 \pm \cos\varphi);$ ce qui donne :

$$\cos x = m \cos^2 \tfrac{1}{2}\varphi$$

$$\cos x = m \sin^2 \tfrac{1}{2}\varphi.$$

284. *Sur le prolongement d'un diamètre BOC d'un cercle, on prend un point S par lequel on mène une tangente SA; on abaisse du point de contact A une perpendiculaire AP sur le diamètre, et l'on joint AO. Quelle valeur faut-il donner à l'angle AOS = x pour qu'en faisant tourner la figure autour*

*du diamètre, la surface latérale du cône engendré par SAP
soit à celle de la zone engendrée par APC dans le rapport*
$\frac{m}{n}$? (Saint-Cyr, 1864.)

Soit R le rayon; $SA = R\,tg\,x$,

$CP = R(1 - cos\,x)$, $AP = R\,sin\,x$.

Or la surface du cône $= \pi R^2 sin\,x\,tg\,x$,

surface de la zone $= 2\pi R^2 (1 - cos\,x)$.

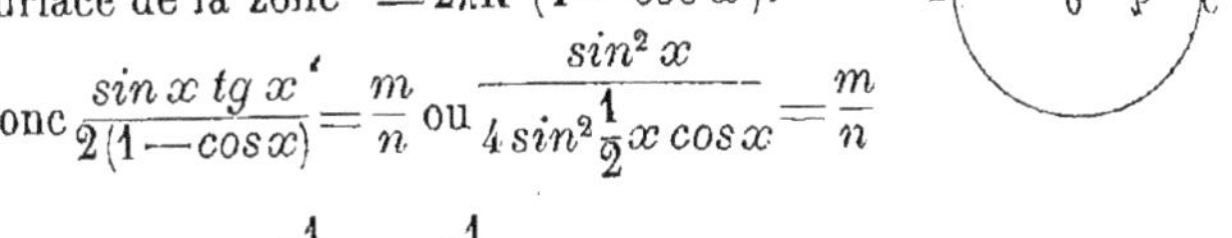

donc $\dfrac{sin\,x\,tg\,x}{2(1 - cos\,x)} = \dfrac{m}{n}$ ou $\dfrac{sin^2 x}{4\,sin^2 \frac{1}{2}x\,cos\,x} = \dfrac{m}{n}$

ou $\dfrac{4\,sin^2\frac{1}{2}x\,cos^2\frac{1}{2}x}{4\,sin^2\frac{1}{2}x\,cos^2\frac{1}{2}x - sin^2\frac{1}{2}x} = \dfrac{m}{n}$ ou enfin $\dfrac{1}{1 - tg^2\frac{1}{2}x} = \dfrac{m}{n}$;

d'où $\qquad tg^2\frac{1}{2}x = \dfrac{m-n}{m}$ et $tg\frac{1}{2}x = \sqrt{\dfrac{m-n}{m}}$.

285. *Sur l'un des côtés d'un angle droit AOB, on prend
deux longueurs OB = a, BC = b; et l'on joint aux points B
et C un point A du côté OA, de manière que l'angle BAC
soit égal à un angle donné* α. *Quelle sera la longueur de OA?*
(Saint-Cyr, examens oraux, 1864.)

Soient ε et ε' les angles ABO et ACO.

On a $\alpha = \varepsilon - \varepsilon'$, donc $tg\,\alpha = \dfrac{tg\,\varepsilon - tg\,\varepsilon'}{1 + tg\,\varepsilon\,tg\,\varepsilon'}$;

or $\qquad tg\,\varepsilon = \dfrac{x}{a}$, $tg\,\varepsilon' = \dfrac{x}{a+b}$,

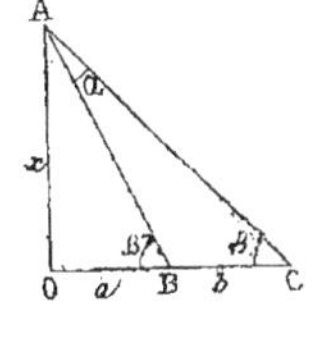

$tg\,\alpha = \dfrac{\dfrac{x}{a} - \dfrac{x}{a+b}}{1 + \dfrac{x^2}{a(a+b)}} = \dfrac{bx}{x^2 + a^2 + ab}$;

donc $\qquad tg\,\alpha\,x^2 - bx + tg\,\alpha(a^2 + ab) = 0$;

d'où $\qquad x = \dfrac{b \pm \sqrt{b^2 - 4\,tg^2\,\alpha\,(a^2 + ab)}}{2\,tg\,\alpha}$.

286. *On donne, sur une circonférence de rayon R, un
arc AD de m degrés. On joint un point B, situé sur
le prolongement de OD, au point A, et l'on mesure l'angle*

$BAC = \alpha$ *extérieur au triangle* OAB. *Calculer la distance* BD *du point* B *au cercle.* (Saint-Cyr, examens oraux, 1864.)

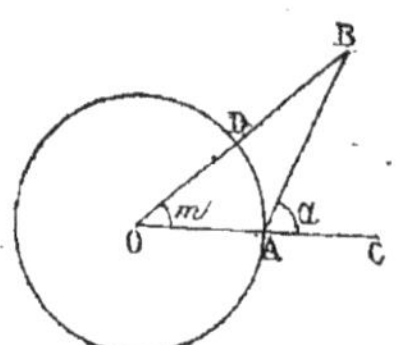

Soit δ la distance cherchée;

$$\delta = BD = OB - R.$$

Le triangle OAB donne $\dfrac{OB}{OA} = \dfrac{sin\,\alpha}{sin\,(\alpha - m)}$;

d'où $\qquad OB = \dfrac{R\,sin\,\alpha}{sin\,(\alpha - m)}$;

donc $\quad \delta = R\left[\dfrac{sin\,\alpha}{sin\,(\alpha - m)} - 1\right] = \dfrac{R\left[sin\,\alpha - sin\,(\alpha - m)\right]}{sin\,(\alpha - m)}$,

ou $\qquad \delta = \dfrac{2R\,sin\left(\alpha - \dfrac{m}{2}\right)cos\,\dfrac{m}{2}}{sin\,(\alpha - m)} = \dfrac{R\,cos\,\dfrac{m}{2}}{cos\,\dfrac{1}{2}(\alpha - m)}.$

287. *La surface d'un triangle est de* $3428^{mq},65$; *on connaît de plus la longueur de deux côtés, savoir: l'un* $92^m,35$ *et l'autre* $103^m,57$; *on demande l'angle compris entre ces côtés.*

(Sorbonne, 16 juillet 1862.)

On a $\qquad S = \dfrac{1}{2}bc\,sin\,A$, d'où $sin\,A = \dfrac{2S}{bc}$.

$$log\,2 = 0,301\,03$$
$$log\,S = 3,535\,1168$$
$$\overline{L}\,b = \overline{2},034\,5631$$
$$\overline{L}\,c = \overline{3},984\,7660$$
$$\overline{}$$
$$\overline{1},855\,4822.$$

$$A = 45°\,48'\,8'',4.$$

288. *Calculer le volume engendré par un triangle équilatéral de* $7^m,35$ *de côté, tournant autour d'une droite passant par son sommet et faisant avec le côté un angle de* 18°.

(Sorbonne, 22 juillet 1859 et 28 juillet 1864.)

Soit a le côté du triangle équilatéral.

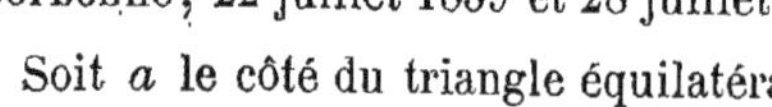
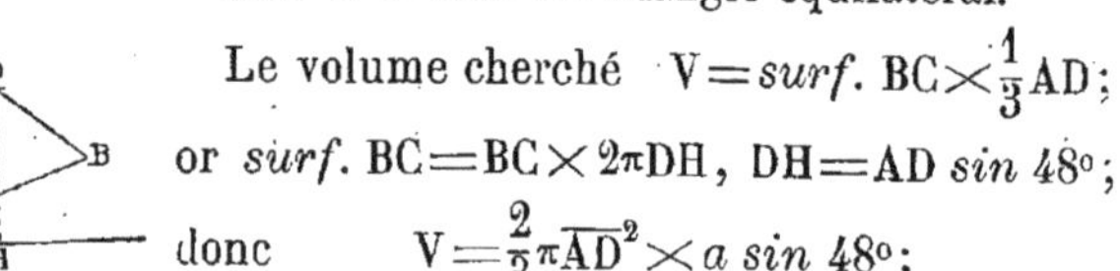

Le volume cherché $V = surf.\ BC \times \dfrac{1}{3}AD$;

or $surf.\ BC = BC \times 2\pi DH$, $DH = AD\,sin\,48°$;

donc $\qquad V = \dfrac{2}{3}\pi\overline{AD}^2 \times a\,sin\,48°$;

ou
$$V = \frac{2}{3}\pi \times \frac{3a^{2'}}{4} \times a\ sin\ 48^\circ = \frac{1}{2}\pi a^3\ sin\ 48^\circ.$$

$$log\ \pi = 0,497\,1499$$
$$3\ log\ a = 2,598\,8619$$
$$log\ sin\ 48^\circ = \overline{1},871\,0735$$
$$\overline{L}\,2 = \overline{1},698\,9700$$
$$\overline{\qquad\qquad\qquad}$$
$$2,666\,053.$$

$$V = 463^{mc},506$$

289. *Dans un triangle ABC on donne :* AC = 177^m,285, BC = 89^m,214, *l'angle* C = 69° 10′ 12″. *Il s'agit de déterminer sur le côté* AC *le point* M *par lequel il faut abaisser sur* AB *la perpendiculaire* MP, *pour diviser le triangle en deux parties équivalentes.*   (Sorbonne, 28 juillet 1862.)

Soit s la surface du triangle AMP ; cette surface doit être moitié de ABC, donc

$$s = \frac{1}{4}ab\ sin\ C.$$

Or, dans le triangle rectangle AMP on a :

$$s = \frac{1}{2}x^2\ sin\ M\ cos\ M \text{ ou } \frac{1}{2}x^2\ sin\ A\ cos\ A\ ;$$

donc $x^2 = \dfrac{1}{2}ab\ \dfrac{sin\ C}{sin\ A\ cos.A}$:   tout se réduit au calcul de l'angle A.

Calcul de A.

$$tg\ \frac{1}{2}(B-A) = \frac{b-a}{b+a}\ cot\ \frac{C}{2}$$

$b-a = 88,071$; $b+a = 266,499$.

$$log\ (b-a) = 1,944\,8239$$
$$\overline{L}\ (b+a) = \overline{3},574\,3043$$
$$log\ cot\ \frac{1}{2}C = 0,161\,4862$$
$$\overline{\qquad\qquad\qquad}$$
$$\overline{1},680\,6144$$

$$\frac{1}{2}(B-A) = 25° 36′ 31″,53$$

$$\frac{1}{2}(B+A) = 55° 24′ 54″.$$
$$\overline{\qquad\qquad\qquad}$$
$$A = 29° 48′ 22″,47.$$

Calcul de x.

$$log\ a = 1,950\,4330$$
$$log\ b = 2,248\,6719$$
$$log\ sin\ C = \overline{1},970\,6442$$
$$\overline{L}\ 2 = \overline{1},698\,97$$
$$\overline{L}\ sin\ a = 0,303\,5838$$
$$\overline{L}\ cos\ a = 0,061\,6248$$
$$\overline{\qquad\qquad\qquad}$$
$$4,233\,9277$$

$$\frac{1}{2} = 2,116\,9633$$

$$x = 130^m,9073.$$

290. *L'un des angles d'un losange circonscrit à un cercle de 68^m de rayon est de 43° 24′ 37″; calculer, à un décimètre carré près, la surface de ce losange.*

(Sorbonne, 4 novembre 1862 et 19 juillet 1865.)

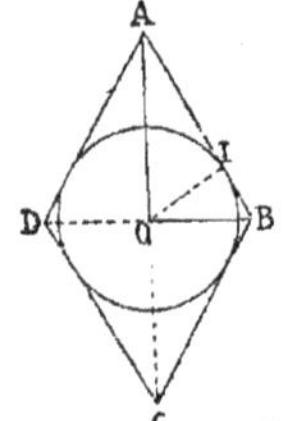

Soit a le côté du losange et r le rayon du cercle. La surface $S = 2ar$; or le triangle rectangle AOB a pour surface $\frac{1}{2}ar$ ou $\frac{1}{2}a^2 \sin A \cos A$;

donc $\quad a = \dfrac{r}{\sin A \cos A}\quad$ et $\quad S = \dfrac{2r^2}{\sin A \cos A}$.

$$\begin{aligned}
log\ 2 &= 0,301\,03 \\
2\ log\ r &= 3,665\,0178 \\
\overline{L}\ sin\ A &= 0,431\,9980 \\
\overline{L}\ cos\ A &= 0,031\,9378 \\
\hline
&\quad 4,429\,9836.
\end{aligned}$$

$$S = 26\,914^{mq},3306.$$

291. *Calculer l'angle au centre d'un secteur circulaire AOB, sachant que le volume du secteur sphérique engendré par la révolution de ce secteur circulaire tournant autour du rayon OA est $\frac{1}{3}$ du volume entier de la sphère.*

(Sorbonne, 8 avril 1863, 11 avril 1862, 11 novembre 1864.)

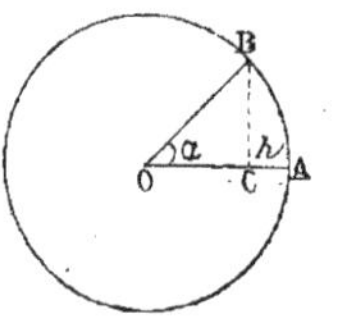

Soit α l'angle cherché, et h la hauteur AC.

$$V = \frac{2}{3}\pi R^2 h;$$

or $\qquad h = R - R \cos \alpha = R(1 - \cos \alpha);$

mais $\qquad 1 - \cos \alpha = 2 \sin^2 \frac{1}{2}\alpha,$

donc $\qquad V = \frac{4}{3}\pi R^3 \sin^2 \frac{1}{2}\alpha.$

D'ailleurs $\frac{1}{3}$ du volume de la sphère étant $\frac{4}{9}\pi R^3$, on a:

$$\sin^2 \frac{1}{2}\alpha = \frac{1}{3}.$$

On peut écrire également $\quad 1 - \cos \alpha = \frac{2}{3};\quad$ d'où $\quad \cos \alpha = \frac{1}{3}.$

$$\alpha = 70° 30′ 47″,46.$$

292. *Calculer la tangente d'un arc égal au quart du quadrant, sans recourir à l'emploi des tables trigonométriques.*
(Sorbonne, 20 avril 1863, 11 novembre 1869.)

$$tg\,\frac{1}{2}a = -\frac{1 \pm \sqrt{1 + tg^2\,a}}{tg\,a} : \quad \text{or} \quad tg\,a = 1\,,$$

donc
$$tg\,\frac{1}{2}a = -1 + \sqrt{2} = 0,4142135.$$

293. *Calculer un angle* x *tel que l'on ait* $2\,sin\,x = sin\,(45^\circ - x)$.
(Sorbonne, 21 avril 1863; 11 novembre 1864.)

1ʳᵉ *Solution.* Soit $AD = 45^\circ$ et $AB = DC = x$.

On a $DI = BE = sin\,x$; mais d'après l'équation donnée $BE = \frac{1}{2}CF$,

donc
$$DI = \frac{1}{3}DG = \frac{1}{3}sin\,45^\circ.$$

Donc
$$sin\,x = \frac{1}{6}\sqrt{2}.$$

$$x = 14^\circ\,38'\,19''.$$

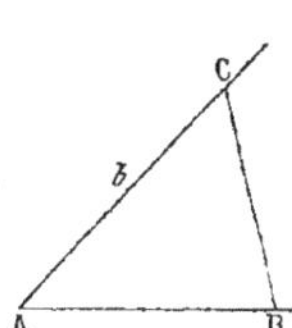

2ᵉ *Solution.* En développant le second membre de l'équation donnée on a : $2\,sin\,x = sin\,45^\circ\,cos\,x - cos\,45^\circ\,sin\,x$,

ou
$$2\,sin\,x = \frac{\sqrt{2}}{2}(cos\,x - sin\,x)\,;$$

ou
$$sin\,x\left(2 + \frac{\sqrt{2}}{2}\right) = \frac{\sqrt{2}}{2}cos\,x\,;$$

d'où
$$tg\,x = \frac{\sqrt{2}}{4 + \sqrt{2}} = \frac{2\sqrt{2} - 1}{7}.$$

$$x = 14^\circ\,38'\,19''.$$

294. *On a un angle* $A = 44^\circ\,20'\,12''$; *on mène par un point* B *pris sur l'un des côtés de l'angle, à une distance* $AB = 107^m$, *une droite* BC *telle que la surface du triangle* ABC *soit de* 6527^{mq}; *on demande la longueur de la droite* AC *et la valeur de l'angle* ABC.
(Sorbonne, 18 juillet 1860.)

La question revient à calculer B et b dans un triangle, connaissant A, c et S.

De $S = \frac{1}{2}bc\,sin\,A$, on tire : $b = \dfrac{2S}{c\,sin\,A}.$

$$\log 2 = 0{,}301\,03$$
$$\log S = 3{,}814\,7136$$
$$\overline{L}\,c = \overline{3}{,}970\,6162$$
$$\overline{L}\,\sin A = 0{,}155\,6017$$
$$\overline{2{,}241\,9615}$$
$$b = 174^{\mathrm{m}}{,}5667.$$

$$tg\,\tfrac{1}{2}(B-C) = \frac{b-c}{b+c}\,\cot\tfrac{1}{2}A.$$

$$b - c = 67{,}5667 ; \qquad b + c = 281{,}5667.$$
$$\log(b-c) = 1{,}829\,7327$$
$$\overline{L}\,(b+c) = \overline{3}{,}550\,4186$$
$$\log \cot \tfrac{1}{2}A = 0{,}389\,9280$$
$$\overline{1}{,}770\,0793.$$

$$\tfrac{1}{2}(B-C) = 30° 29' 45'', \quad \text{or} \quad \tfrac{1}{2}(B+C) = 67° 49' 54'',$$

donc
$$B = 98° 19' 39''.$$

295. *Quelle est la graduation d'un arc sous-tendu par une corde égale aux* $\dfrac{2}{3}$ *du diamètre?*

(Sorbonne, 18 juillet 1860, 1er août 1864, 8 mai 1866.)

Soit x l'arc cherché.

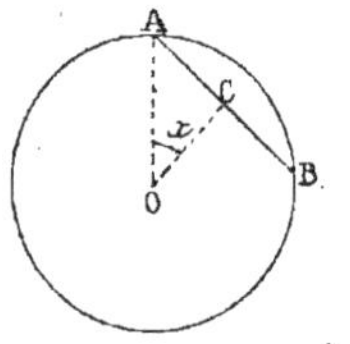

Dans le triangle AOC, l'angle $O = \dfrac{x}{2}$ et $AC = \dfrac{2}{3}R$; d'ailleurs $AC = AO\,\sin AOC,$

ou
$$\tfrac{2}{3}R = R\,\sin\tfrac{x}{2} ;$$

donc
$$\sin\tfrac{x}{2} = \tfrac{2}{3}.$$

$$x = 83° 37' 14''{,}32.$$

296. *Calculer à* $0''{,}1$ *près les angles d'un losange dont le périmètre égale* $842^{\mathrm{m}}{,}693$, *sachant que l'une des diagonales a* $92^{\mathrm{m}}{,}355$.

(Sorbonne, 16 novembre 1858.)

Soit BD la diagonale donnée.

On a $\qquad$ BD $= 2$BA $sin \frac{1}{2}$ A ;

d'où $\quad sin \frac{1}{2}$ A $= \dfrac{\text{BD}}{2\text{BA}}$; 2BA est le demi-périmètre.

$$log \text{ BD} = 1,965\,4604$$
$$\overline{\text{L}} \text{ 2BA} = \overline{3},375\,3607$$
$$\overline{\qquad\qquad\qquad}$$
$$1,340\,8211.$$

$$\frac{1}{2}\text{A} = 12^\circ\, 39'\, 41'',28.$$

A $= 25^\circ\,19'\,22'',5$; $\qquad\qquad$ B $= 154^\circ\,40'\,37'',5$.

297. *Trouver le rayon du cercle circonscrit à un triangle dont les trois côtés sont respectivement* 249$^\text{m}$, 332$^\text{m}$ *et* 415$^\text{m}$.

(Il est à remarquer que les trois côtés sont proportionnels aux nombres 3, 4, 5 ; donc le triangle est rectangle, et le rayon égale la moitié de l'hypoténuse : R $= 207,5$.)

En général, R $= \dfrac{abc}{4\sqrt{p(p-a)(p-b)(p-c)}}$.

$p = 498$, $\quad p - a = 249$, $\quad p - b = 166$, $\quad p - c = 83$.

Calcul du dénominateur.	Calcul du rayon.
$log\ p = 2,697\,2293$	$log\ a = 2,396\,1993$
$log\ (p-a) = 2,396\,1993$	$log\ b = 2,521\,1381$
$log\ (p-b) = 2,220\,1081$	$log\ c = 2,618\,0481$
$log\ (p-c) = 1,919\,0781$	$\overline{\text{L}}\ 4\ \text{S} = \overline{6},781\,6326$
$\qquad\overline{\qquad\qquad}$	$\qquad\overline{\qquad\qquad}$
$9,232\,6148$	$2,317\,0181.$
$\frac{1}{2} = 4,616\,3074$	R $= 207^\text{m},50.$
$log\ 4 = 0,602\,06$	
$\overline{\qquad\qquad}$	
$5,218\,3674.$	

298. *Dans un triangle* BAC, *on donne le côté* AB $= 23^\text{m},215$, *le côté* AC $= 19^\text{m},419$, *l'angle* BAC $= 46^\circ\,29'\,37''$; *on demande de calculer la longueur de la bissectrice de l'angle* A.

$\hfill$ (Sorbonne, 5 août 1859.)

Soit x la bissectrice de l'angle A.

Les triangles AOB et AOC donnent :

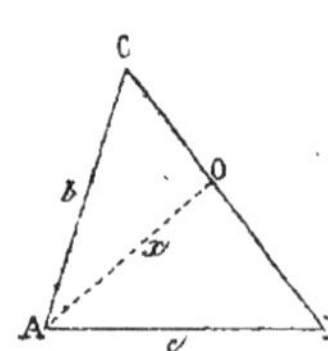

$$\overline{BO}^2 = x^2 + c^2 - 2\,cx\,cos\,\tfrac{1}{2}A,$$

$$\overline{OC}^2 = x^2 + b^2 - 2\,bx\,cos\,\tfrac{1}{2}A.$$

Divisons membre à membre, en remarquant

que $\dfrac{BO}{OC} = \dfrac{c}{b}$; il vient :

$$\frac{\overline{BO}^2}{\overline{OC}^2} = \frac{c^2}{b^2} = \frac{x^2 + c^2 - 2\,cx\,cos\,\tfrac{1}{2}A}{x^2 + b^2 - 2\,bx\,cos\,\tfrac{1}{2}A};$$

d'où $(c+b)x = 2bc\,cos\,\tfrac{1}{2}A$; d'où $x = \dfrac{2bc\,cos\,\tfrac{1}{2}A}{c+b}$.

$$\tfrac{1}{2}A = 23^o\,14'\,48'',5, \qquad c+b = 42{,}634.$$

$$log\ 2 = 0{,}301\,03$$
$$log\ b = 1{,}288\,2269$$
$$log\ c = 1{,}365\,7687$$
$$log\ cos\ \tfrac{1}{2}A = \overline{1}{,}963\,2273$$
$$\overline{L}\,(c+b) = \overline{2}{,}370\,2439$$

$$\rule{3cm}{0.4pt}$$

$$1{,}288\,4968.$$
$$x = 19^m{,}431\,07.$$

299. *On donne, dans un triangle* ABC, *l'angle* B $= 68^o\,26'\,17''$, *l'angle* C $= 75^o\,8'\,23''$ *et la hauteur* AH $= 148^m{,}19$; *on demande de calculer la longueur des trois côtés.*

(Sorbonne, 15 juillet 1859.)

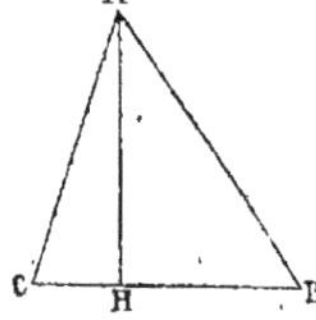

$$A = 180^o - (B+C) = 36^o\,25'\,20''.$$

Les triangles rectangles AHB et AHC donnent :

$$h = b\,sin\,C \quad et \quad h = c\,sin\,B; \quad donc$$

$$b = \frac{h}{sin\,C}. \qquad\qquad c = \frac{h}{sin\,B}.$$

$$log\ h = 2,170\,8189 \qquad log\ h = 2,170\,8189$$
$$\bar{L}\ sin\ C = 0,014\,7738 \qquad L\ sin\ B = 0,031\,5065$$
$$2,185\,5927. \qquad\qquad 2,202\,3254.$$
$$b = 153,^{m}317\,85. \qquad c = 159,^{m}3402.$$

$$a = \frac{b\ sin\ A}{sin\ B}\,.$$

$$log\ b = 2,185\,5927$$
$$log\ sin\ A = \overline{1},773\,5897$$
$$\bar{L}\ sin\ B = 0,031\,5065$$
$$1,990\,6889.$$

$$a = 97,^{m}878\,87.$$

300. *Les trois côtés d'un triangle* ABC *étant respectivement*
AB=1551ᵐ, AC=2068ᵐ, BC=2585ᵐ, *trouver la longueur
de la droite* AD *qui joint le sommet* A *au milieu de* BC.
(Sorbonne, 13 avril 1859.)

La solution générale de ce problème a été donnée au problème
259. Dans le cas actuel, le triangle ABC est rectangle en A.
Donc la médiane égale $\frac{a}{2}$ ou 1292ᵐ,50.

301. *On donne, dans un triangle* ABC, *les trois côtés, savoir :* BC=6ᵐ, AB=5ᵐ, AC=2ᵐ. *On mène la bissectrice*
AI *de l'angle* A, *et l'on demande de calculer* 1° *les surfaces
des deux triangles* ACI *et* ABI ; 2° *la longueur de la parallèle*
IM *à* AC, *terminée au côté* AB *en* M. (Sorbonne, 18 avril 1859.)

Les longueurs BI et IC sont proportion-
nelles aux côtés AB et AC,

donc $BI = \dfrac{30}{7}$ et $IC = \dfrac{12}{7}$.

IM est donné par la proportion $\dfrac{IM}{AC} = \dfrac{BI}{BC}$;

d'où $IM = \dfrac{10}{7}$.

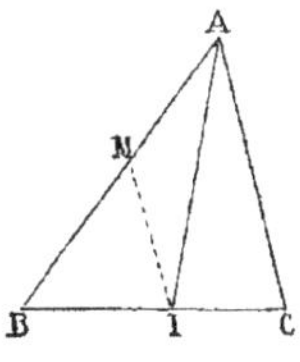

Les deux triangles partiels ayant même hauteur sont proportionnels à leurs bases BI et CI ; il suffit donc de partager pro-

portionnellement à ces lignes la surface ABC donnée par la formule $S=\sqrt{p(p-a(p-b)(p-c)}$; il vient :

$$\text{Surface ABI}=3^{mq},3455.$$
$$\text{Surface ACI}=1^{mq},3382.$$

302. *Un côté d'un triangle a pour valeur* $35^m,42$; *les deux angles adjacents ont, l'un* $48°52'13''$, *et l'autre* $75°18'25''$. *Résoudre ce triangle et calculer la surface.* (Sorbonne , 28 avril 1858.)

$$C=180°-(A+B)=55°49'22''.$$

$$a=\frac{c\,sin\,A}{sin\,C}\qquad b=\frac{c\,sin\,B}{sin\,C}.$$

$$
\begin{array}{ll}
log\ c=1,5492486 & log\ c=1,5492486\\
log\ sin\,A=\overline{1},9855605 & log\ sin\,B=\overline{1},8769231\\
\overline{L}\,sin\,C=0,0823349 & \overline{L}\,sin\,C=0,0823349\\
\hline
1,6171440 & 1,5085066\\
a=41^m,4137. & b=32^m,2483.
\end{array}
$$

$$S=\frac{1}{2}c^2\frac{sin\,B\ sin\,A}{sin\,C}$$

$$2\ log\ c=3,0984972$$
$$log\ sin\,B=\overline{1},8769231$$
$$log\ sin\,A=\overline{1},9855605$$
$$\overline{L}\,sin\,C=0,0823349$$
$$\overline{L}2=1,69897$$
$$\overline{2,7422857}$$
$$S=552^{mq},1864.$$

303. *Étant donné dans un triangle, l'angle* $C=84°32'18''4$, *et les deux côtés qui comprennent cet angle :* $a=23824,52$ *et* $b=15642,34$; *trouver* A, B *et le côté* c. (École Polytechnique, 1864.)

$$a-b=8182,18;\quad a+b=39466,86;\quad \tfrac{1}{2}C=42°16'9'',2.$$

$$tg\,\tfrac{1}{2}(A-B)=\frac{a-b}{a+b}\,cot\,\frac{C}{2}.$$

$$log\,(a-b)=3,9128690$$
$$\overline{L}\,(a+b)=\overline{5},4037674$$
$$log\,cot\,\tfrac{1}{2}C=0,0414607$$
$$\overline{\overline{1},3580971}$$

$$\frac{1}{2}(A-B)=12^\circ 50' 54'',7$$

$$\frac{1}{2}(A+B)=47^\circ 43' 50'',8$$

$$\begin{cases} A=60^\circ 34' 45'',5 \\ B=34^\circ 52' 56'',1 \end{cases}$$

$$c=\frac{b\,\sin C}{\sin B}\cdot$$

$$\log b=4,194\,301\,7$$
$$\log\sin C=\overline{1},998\,024\,7$$
$$\overline{L}\,\sin B=0,242\,686\,1$$

$$4,535\,012\,5.\quad c=27\,227,80.$$

304. *La bissectrice de l'angle droit d'un triangle rectangle partage l'hypoténuse en deux segments dont les longueurs sont 4ᵐ,319 et 5ᵐ,238; on demande de calculer les angles de ce triangle.* (Sorbonne, 10 novembre 1862 et 6 avril 1865.)

Les côtés de l'angle droit sont proportionnels aux segments déterminés par la bissectrice.

Donc
$$\frac{b}{c}=tg\,B=cot\,C=\frac{4,319}{5,238};$$

d'où
$$B=39^\circ 30' 26'',4$$
$$C=50^\circ 29' 33'',6.$$

305. *Résoudre un triangle, connaissant le périmètre* $2p=1254,345$, *et 2 angles, savoir :* A $= 98^\circ 35' 28'',6$, B$=42^\circ 39' 18'',8$. (École Polytechnique, 1852.)

$$C=180^\circ-(A+B)=38^\circ 45' 12'',6.$$

La méthode la plus simple a été indiquée au problème 213.

$$p=627,1725;\quad \frac{1}{2}A=49^\circ 17' 44'',3;\quad \frac{1}{2}B=21^\circ 19' 39'',4;$$

$$\frac{1}{2}C=19^\circ 22' 36'',3.$$

$$p-a = p\,tg\tfrac{1}{2}B\,tg\tfrac{1}{2}C.$$

$$log\,p = 2{,}797\,387\,1$$

$$log\,tg\tfrac{1}{2}B = \overline{1}{,}591\,553\,2$$

$$log\,tg\tfrac{1}{2}C = \overline{1}{,}546\,171\,8$$

$$1{,}935\,112\,1$$

$$p-a = 86{,}121\,6.$$

$$p-b = p\,tg\tfrac{1}{2}A\,tg\tfrac{1}{2}C.$$

$$log\,p = 2{,}797\,387\,1$$

$$log\,tg\tfrac{1}{2}A = 0{,}065\,366\,2$$

$$log\,tg\tfrac{1}{2}C = \overline{1}{,}546\,171\,8$$

$$2{,}408\,925\,1$$

$$p-b = 256{,}404\,2.$$

$$p-c = p\,tg\tfrac{1}{1}A\,tg\tfrac{1}{2}B.$$

$$log\,p = 2{,}797\,387\,1$$

$$log\,tg\tfrac{1}{2}A = 0{,}065\,366\,2$$

$$log\,tg\tfrac{1}{2}B = \overline{1}{,}591\,55\,32$$

$$2{,}454\,306\,5$$

$$p-c = 284{,}646\,8.$$

$$\text{d'où}\ \begin{cases} a = 342{,}525\,7 \\ b = 370{,}768\,4 \\ c = 511{,}050\,9 \end{cases}$$

$$1254{,}345$$

Vérification : $a+b+c = 2p$.

Voir une autre méthode, problème suivant :

306. *Calculer les côtés d'un triangle dont le périmètre* $2p = 1^m{,}20$ *et dont les angles* A *et* B *ont respectivement pour valeur :* 35°17′15″ *et* 62°43′30″. (Concours général, 1854.)

$$C = 180° - (A+B) = 81°59′15″.$$

Les rapports égaux $\dfrac{a}{sin\,A} = \dfrac{b}{sin\,B} = \dfrac{c}{sin\,C}$ donnent :

$$\frac{2p}{sin\,A + sin\,B + sin\,C} = \frac{2p}{4\,cos\tfrac{1}{2}A\,cos\tfrac{1}{2}B\,cos\tfrac{1}{2}C} = \frac{a}{sin\,A},\ \text{etc.}$$

donc $\quad a = \dfrac{p\,sin\tfrac{1}{2}A}{cos\tfrac{1}{2}B\,cos\tfrac{1}{2}C}.$ De même : $b = \dfrac{p\,sin\tfrac{1}{2}B}{cos\tfrac{1}{2}A\,cos\tfrac{1}{2}C}.$

$$\text{et}\quad c = \frac{p\,sin\tfrac{1}{2}C}{cos\tfrac{1}{2}A\,cos\tfrac{1}{2}B}.$$

$p=0,60$

$\frac{1}{2}A=17°38'37'',5$

$\frac{1}{2}B=31°21'45''$

$\frac{1}{2}C=40°59'37''5.$

Calcul de a.

$log\ p=\overline{1},7784513$

$log\ sin\frac{1}{2}A=\overline{1},4815825$

$\overline{L}cos\frac{1}{2}B=0,0685972$

$\overline{L}cos\frac{1}{2}C=0,1221789$

$\overline{1},4505099$

$a=0,2821694.$

Vérification : $a+b+c=2p.$

Calcul de b.

$log\ p=\overline{1},7784513$

$log\ sin\frac{1}{2}B=\overline{1},7163798$

$\overline{L}cos\frac{1}{2}A=0,0209255$

$\overline{L}cos\frac{1}{2}C=0,1221789$

$\overline{1},637635$

$b=0,4341457$

Calcul de c.

$log\ p=\overline{1},7784513$

$log\ sin\frac{1}{2}C=\overline{1},8168884$

$\overline{L}cos\frac{1}{2}A=0,0209255$

$L\,cos\frac{1}{2}B=0,0685972$

$\overline{1},6845624$

$c=0,4836848.$

307. *Calculer la distance de deux points inaccessibles A et B, connaissant une base d'opération* CD$=394^m,82$;

l'angle ACD$=83°11'27'',8.$
l'angle BCD $=41°10°32'',7.$
l'angle BDC $=75°28'41'',6.$
et l'angle ADC$=28°40'51'',3.$

On fera une vérification en calculant la distance BD, *d'abord dans le triangle* BCD, *puis dans le triangle* ABD. (Saint-Cyr, 21 juillet 1854.)

La figure est celle du problème 195.

Calcul de BD dans le triangle BCD

$$BD=\frac{CD\ sin\,BCD}{sin\,CBD}.\qquad CBD=68°7'40''9.$$

$log\,CD=2,5963991$
$log\,sin\,BCD=\overline{1},9969261$
$\overline{L}\,sin\,CBD=0,0324433$
$log\,BD=a'=2,6257685.$

3*

Calcul de $AD = \dfrac{CD \sin ACD}{\sin CAD}$. $CAD = 63°20'45'',7$.

$$\log CD = 2,5963991$$
$$\log \sin ACD = \overline{1},8184707$$
$$L \sin CAD = 0,0487927$$
$$\overline{\log AD = b = 2,4636625}$$

Calcul des angles A et B du triangle ABD.

$$tg\,\tfrac{1}{2}(A-B) = tg\,(45° - \varphi)\,cot\,\tfrac{1}{2}D$$

$\tfrac{1}{2}D = 46°47'50'',3$. $tg\,\varphi = \dfrac{a}{b}$; $\log tg\,\varphi = \log a - \log b = 0,1621060$

$$\varphi = 55°27'11'',53; \quad 45° - \varphi = 10°27'11'',53$$
$$\log tg\,(45° - \varphi) = \overline{1},2659831$$
$$\log cot\,\tfrac{1}{2}D = 0,3638023$$
$$\overline{}$$
$$\overline{1},6297854$$

$\tfrac{1}{2}(A-B) = 23°5'30'',79$ $\left\{ \begin{array}{l} A = 89°41'35'',64 \\ B = 43°30'34'',06 \end{array} \right.$

$\tfrac{1}{2}(A+B) = 66°36'4'',85$

Calcul de $AB = \dfrac{AD \sin ADB}{\sin ABD}$.

$$\log AD = 2,4636625$$
$$\log \sin ADB = \overline{1},8626897$$
$$L \sin ABD = 0,1621122$$
$$\overline{2,4884644}$$
$$AB = 3079388.$$

Vérification :

$$BD = \dfrac{AD \sin BAD}{\sin ABD}.$$
$$\log AD = 2,4636625$$
$$\log \sin ABD = \overline{1},9999938$$
$$L \sin ABD = 0,1621122$$
$$\overline{2,6257685}$$
Déjà trouvé.

308. *On connaît deux côtés d'un triangle et l'angle compris,
savoir :* $a = 25824,52$, $b = 15642,34$, $C = 84°32'18'',4$. *Déterminer les angles* A *et* B *et le côté* c. (École Polytechnique,
1868.)

$$a + b = 41466,86$$
$$a - b = 10182,18$$
$$\tfrac{1}{2}C = 42°16'9'',2$$

$$tg\frac{1}{2}(A-B)=\frac{a-b}{a+b}\,cot\frac{1}{2}C.$$

$$log\,(a-b)=4,007\,840\,8$$
$$\overline{L}(a+b)=\overline{5},382\,298\,9$$
$$log\,cot\frac{1}{2}C=0,041\,460\,7$$
$$\overline{}$$
$$\overline{1},431\,600\,4$$

$$\frac{1}{2}(A-B)=15^{\circ}\ 7'2'',76$$
$$\frac{1}{2}(A+B)=47^{\circ}43'50'',8$$

$$\left.\begin{array}{l}A=62^{\circ}50'53'',56\\ B=32^{\circ}36'48'',04\end{array}\right.$$

$$c=\frac{(a+b)sin\frac{1}{2}C}{cos\frac{1}{2}(A-B)}.$$

$$log\,(a+b)=4,617\,701\,1$$
$$log\,sin\frac{1}{2}C=\overline{1},827\,776\,6$$
$$\overline{L}cos\frac{1}{2}(A-B)=0,015\,295\,7$$
$$\overline{}$$
$$4,460\,763\,4$$
$$c=28\,891^{m},05.$$

309. *Calculer les angles d'un triangle dont les côtés sont :*
$a=12\,515,78$, $b=22\,637,25$, $c=18\,916,29$. (École Polytechnique, 1869.)

$$p=27\,034,66\text{; son logarithme est }4,431\,920\,9$$

$p-a=14\,518,88$;	—	$4,161\,933\,1$
$p-b=\ \ 4\,397,41$;	—	$3,643\,197\,0$
$p-c=\ \ 8\,118,37$;	—	$3,909\,468\,8$

$$2\,log\,r=7,292\,678\,0$$
$$log\,r=3,641\,329\,0$$

$$tg\frac{1}{2}A=\frac{r}{p-a}\qquad\qquad tg\frac{1}{2}B=\frac{r}{p-b}$$

$$log\,r=3,641\,339\,0\qquad\qquad log\,r=3,641\,339\,0$$
$$\overline{L}(p-a)=\overline{5},838\,006\,9\qquad \overline{L}(p-b)=\overline{4},356\,803\,0$$
$$\overline{1},479\,405\,9\qquad\qquad \overline{1},998\,142\,0$$

$$\frac{1}{2}A=16^{\circ}46'56'',58.\qquad\qquad \frac{1}{2}B=44^{\circ}52'38'',78.$$
$$A=33^{\circ}33'53'',16.\qquad\qquad\quad B=89^{\circ}45'17'',56.$$

$$tg\,\tfrac{1}{2}C = \frac{r}{p-c}$$

$$log\,p = 3,641\,3390$$

$$\overline{L}(p-c) = \overline{4},090\,531\,2$$

$$\overline{1},731\,8702$$

$$\tfrac{1}{2}C = 28°\,20'\,24'',64\,; \quad C = 56°\,40'\,45'',28\,.$$

Vérification : $A + B + C = 180°.$

310. *On donne dans un triangle* : $a = 2597,85$, $b = 3084,33$ *et* $A = 56°\,12'\,47''$, *déterminer les autres éléments. Vérification.*
(École centrale, août 1864.)

On a $A < 90°$ et $b > a$, donc deux solutions.

$$sin\,b = \frac{b\,sin\,A}{a}.$$

$$log\,b = 3,489\,1608$$

$$log\,sin\,A = \overline{1},919\,6592$$

$$\overline{L}\,a = \overline{4},585\,3859$$

$$\overline{1},994\,2059.$$

$$B_1 = 80°\,39'\,41'',76 \quad ou \quad B_2 = 99°\,20'\,18'',24\,;$$

d'où $\quad\quad C_1 = 43°\,7'\,31'',24 \quad ou \quad C_2 = 24°\,26'\,54'',76.$

$$c = \frac{a\,sin\,C}{sin\,A}.$$

$$log\,a = 3,414\,6141 \quad ou \quad\quad\quad 3,414\,6141$$

$$log\,sin\,C_1 = \overline{1},834\,8000 \quad ou \quad log\,sin\,C_2 = \overline{1},616\,8701$$

$$\overline{L}\,sin\,A = 0,080\,3408 \quad\quad\quad\quad 0,080\,3408$$

$$3,329\,7549 \quad\quad\quad\quad 3,111\,8250$$

$$c_1 = 2136^m,755 \quad\quad\quad\quad c_2 = 1293^m,674.$$

Vérification : $\quad\quad \dfrac{c_1 + c_2}{2} = b\,cos\,A.$

$$log\,\frac{c_1 + c_2}{2} = 3,234\,3185\,;$$

$$log\,b = 3,489\,1608$$

$$log\,cos\,A = \overline{1},745\,1577$$

$$3,234\,3185.$$

311. *Étant donnés les trois côtés d'un triangle:* $a = 1402,448$, $b = 876,53$ *et* $c = 1227,142$; *calculer* 1° *les angles et la surface;* 2° *l'aire comprise entre les cercles inscrit et circonscrit.*

(École centrale, août 1866.)

$$p = 1753,060; \quad \text{son cologarithme est} \quad \overline{4},7562032$$
$$p - a = 350,612; \quad \text{son log est} \quad 2,5448268$$
$$p - b = 876,530; \quad - \quad 2,9427668$$
$$p - c = 525,918; \quad - \quad 2,7209180$$

$$2 \, log \, r = 4,9647148$$
$$log \, r = 2,4823574.$$

$$tg \, \frac{1}{2}A = \frac{r}{p-a}.$$
$$log \, r = 2,4823574$$
$$\overline{L} \, (p-a) = \overline{3},4551732$$
$$\overline{1},9375306$$
$$\frac{1}{2}A = 40° \, 53' \, 36'',22$$
$$A = 81° \, 47' \, 12'',44$$

$$tg \, \frac{1}{2}C = \frac{r}{p-c}.$$
$$log \, r = 2,4823574$$
$$\overline{L} \, (p-c) = \overline{3},2790820$$
$$\overline{1},7614394$$
$$\frac{1}{2}C = 30°. \qquad C = 60°.$$

$$tg \, \frac{1}{2}B = \frac{r}{p-b}.$$
$$log \, r = 2,4823574$$
$$\overline{L} \, (p-b) = \overline{3},0572332$$
$$\overline{1},5395906$$
$$\frac{1}{2}B = 19° \, 6' \, 23'',78$$
$$B = 38° \, 12' \, 47'',56.$$

$$S = pr$$
$$log \, p = 3,2437968$$
$$log \, r = 2,4823574$$
$$5,7261542$$
$$S = 53^{\text{hect.}} \, 22^{\text{ares}} \, 97^{\text{cent.}}.$$

Calcul de l'aire comprise entre les cercles.

$$R = \frac{c}{2 \, sin \, C} = \frac{c}{2 \, sin \, 60°} = \frac{c}{\sqrt{3}} = 708,491.$$

$$r = \frac{S}{p}; \quad \text{on a son log. d'où} \quad r = 303,639.$$

Or la surface $\quad S' = \pi (R^2 - r^2) = \pi (R + r)(R - r).$

$$log \, \pi = 0,4971498$$
$$log \, (R - r) = 2,6072963$$
$$log \, (R + r) = 3,0052363$$
$$6,1096824.$$
$$S' = 128^{\text{hect.}} \, 73^{\text{ares}} \, 08^{\text{cen}}$$

312. *Connaissant deux côtés d'un triangle :* $a = 4565,72$, $b = 983,45$, *et l'angle compris* $C = 75° 23' 54''$, *calculer les deux autres angles, le troisième côté, la surface et le rayon du cercle ex-inscrit compris dans l'angle C.*

(École centrale, octobre 1866.)

$$tg\ \tfrac{1}{2}(A-B) = \frac{a-b}{a+b}\ cot\ \tfrac{1}{2}C.$$

$$a+b = 5549,17\ ;\quad a-b = 3582,27\ ;\quad \tfrac{1}{2}C = 37° 41' 57''.$$

$$log\ (a-b) = 3,5541483$$
$$\bar{L}\ (a+b) = \bar{4},2557719$$
$$log\ cot\ \tfrac{1}{2}C = 0,1118965$$
$$\overline{\bar{1},9218267.}$$

$$\tfrac{1}{2}(A-B) = 39° 52' 15'',537 \qquad A = 92° 10' 18'',537$$
$$\tfrac{1}{2}(A+B) = 52° 18' 3'' \qquad B = 12° 25' 47'',463.$$

$$c = \frac{(a+b)\ sin\ \tfrac{1}{2}C}{cos\ \tfrac{1}{2}(A-B)}. \qquad\qquad S = \tfrac{1}{2}ab\ sin\ C$$

$$log\ (a+b) = 3,7442281 \qquad log\ a = 3,6595093$$
$$log\ sin\ \tfrac{1}{2}C = \bar{1},7864075 \qquad log\ b = 2,9927523$$
$$L\ cos\ \tfrac{1}{2}(A-B) = 0,1149273 \qquad log\ sin\ C = \bar{1},9857416$$
$$\qquad\qquad\qquad\qquad\qquad L\ 2 = \bar{1},69897$$
$$\overline{3,645629} \qquad\qquad \overline{6,3369732}$$
$$c = 4421^{m},43. \qquad\qquad S = 217^{hect.}\ 26^{ares}\ 70^{cent.}$$

Calcul du rayon du cercle ex-inscrit dans C.

$$r''' = \frac{S}{p-c}.$$

$$p = 4935,30\ ;\qquad p-c = 4001,85.$$
$$log\ S = 6,3369732$$
$$\bar{L}\ (p-c) = \bar{4},3977392$$
$$\overline{2,7347124}$$
$$r''' = 542^{m},89.$$

313. *La hauteur SA d'un point S au-dessus d'un plan horizontal ABC est de 427^m,854. Les droites SB et SC font, avec la verticale SA, des angles égaux dont la valeur commune est 55° 18′ 27″. Ces mêmes droites font entre elles un angle BSC de 28° 44′ 35″. Cela posé, on demande de calculer :*

1° *les arêtes AB, SC et BC de la pyramide SABC;*

2° *l'angle BAC;*

3° *le volume de la pyramide SABC.*

(Saint-Cyr, 1866.)

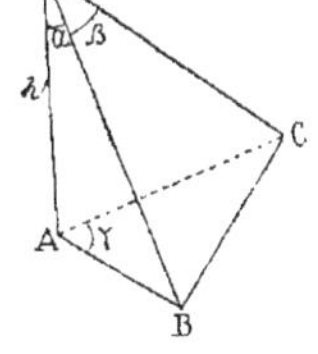

Soit $SA = h = 427,854.$

$ASB = ASC = \alpha = 55° 18′ 27″.$

$BSC = \beta = 28° 44′ 35″.$ $BAC = \gamma.$

$$AB = h\, tg\, \alpha. \qquad\qquad SC = SB = \frac{h}{cos\, \alpha}.$$

$log\ h = 2,631\,2956$	$log\ h = 2,631\,2956$
$log\ tg\ \alpha = 0,159\,7438$	$\overline{L}\ cos\ \alpha = 0,244\,7566$
$\overline{}$	$\overline{}$
$2,791\,0394$	$2,876\,0522$
$AB = 618^m,072.$	$SC = 751^m,713.$

$$BC = 2SC\ sin\ \tfrac{1}{2}\beta. \qquad\qquad sin\ \tfrac{1}{2}\gamma = \frac{BC}{2AB}.$$

$log\ 2 = 0,301\,03$	$log\ BC = 2,571\,8990.$
$log\ SC = 2,876\,0522$	$\overline{L}\ 2 = \overline{1},698\,97$
$log\ sin\ \tfrac{1}{2}\beta = \overline{1},394\,8168$	$\overline{L}\ AB = \overline{3},208\,9606$
$\overline{}$	$\overline{}$
$2,571\,8990$	$\overline{1},479\,8296$
$BC = 373^m,163.$	$\tfrac{1}{2}\gamma = 17° 34′ 13″,3$
	$\gamma = BAC = 35° 8′ 26″,6.$

Calcul du volume $V = \dfrac{1}{6} h \cdot \overline{NB}^2\, sin\ \gamma.$

$\overline{L}\ 6 = \overline{1},221\,8487$

$log\ h = 2,631\,2956$

$2\ log\ AB = 5,582\,0788$

$log\ sin\ \gamma = \overline{1},760\,1106$

$\overline{}$

$7,195\,3337.$

$V = 15\,679\,550^{mc}.$

314. *Étant donné le demi-cercle BCA dont le rayon vaut* 6366^m,739, *on tire le rayon* OC, *faisant avec* OA *un angle* $\alpha = 23° 17' 14'',3$. *Au point* C *on mène la tangente au cercle, qui coupe au point* D *le prolongement de* OA, *et l'on demande de calculer :*

1° *le volume engendré par le triangle rectangle* OCD, *tournant autour de l'hypoténuse* OD;

2° *la valeur qu'il faudrait attribuer à l'angle* α, *pour que le volume engendré par le triangle* OCD *fût double de celui qu'engendre le secteur circulaire* OCA.   (Saint-Cyr, 1867.)

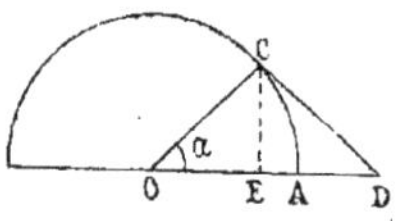

1° Soit R le rayon, V le volume.

$$V = \frac{1}{3} \pi \overline{CE}^2 \cdot OD.$$

Or $\quad CE = R \sin \alpha, \quad OD = \dfrac{R}{\cos \alpha};$

donc

$$V = \frac{1}{3} \pi R^3 \sin \alpha \; tg \; \alpha.$$

$$
\begin{aligned}
\bar{L}\,3 &= \bar{1},522\,8787 \\
\log \pi &= 0,497\,1499 \\
3 \log R &= 11,411\,7510 \\
\log \sin \alpha &= \bar{1},599\,8964 \\
\log tg \; \alpha &= \bar{1},637\,3471 \\
\hline
&\quad 10,669\,0231.
\end{aligned}
$$

$$V = 46\,668\,420\,000^{mc}.$$

2° Le volume du secteur $\quad V' = \dfrac{2}{3} \pi R^2 \cdot EA;$

or $\quad EA = R(1 - \cos \alpha); \quad$ donc $\quad V' = \dfrac{2}{3} \pi R^3 (1 - \cos \alpha).$ Écrivons que V est double de V'; il vient :

$$\sin \alpha \; tg \; \alpha = 4(1 - \cos \alpha),$$

ou

$$1 - \cos^2 \alpha = 4(1 - \cos \alpha) \cos \alpha,$$

équation qui se décompose en deux autres :

$$1 - \cos \alpha = 0 \quad \text{et} \quad 1 + \cos \alpha = 4 \cos \alpha.$$

La première donne $\quad \cos \alpha = 1, \quad$ d'où $\quad \alpha = 0.$

La deuxième donne $\quad \cos \alpha = \dfrac{1}{3}, \quad$ d'où $\quad \alpha = 70° 32' 43'',6.$

315. *Les rayons de deux circonférences sont l'un de 3^m, l'autre de 4^m, et la distance des centres est 2^m. On demande de calculer :*

1° la surface du triangle qui a pour base la ligne des centres, et pour sommet l'un des points d'intersection des deux circonférences ;

2° la longueur de la corde commune aux deux circonférences ;

3° les longueurs des arcs sous-tendus par cette corde ;

4° la valeur de la surface commune aux deux cercles.

(Saint-Cyr, 1864.)

1° Surface du triangle ABC.

$$S = \sqrt{p(p-a)(p-b)(p-c)};$$

$p = 4$, $p-a = 2{,}5$, $p-b = 1{,}5$, $p-c = 0{,}5$,

d'où $\qquad\qquad S = 2^{mq}{,}904\,737.$

2° $\qquad\qquad AD = 2AE;$

or $\qquad\qquad AE = \dfrac{S}{\frac{1}{2}BC} = S;$

donc $\qquad\qquad AD = 2S = 5{,}809\,474.$

3° Soit $\qquad\qquad AMD = 2\alpha$ et $AND = 2\alpha'.$

La surface du triangle ABC peut s'écrire de deux autres manières :

1° $\quad S = \dfrac{1}{2}AB \cdot BC \sin\alpha = 4\sin\alpha;$ d'où $\sin\alpha = \dfrac{S}{4};$ et

2° $\quad S = \dfrac{1}{2}AC \cdot BC \sin\alpha' = 3\sin\alpha';$ d'où $\sin\alpha' = \dfrac{S}{3};$

par suite $\quad log\ sin\ \alpha = \bar{1}{,}861\,0467$ et $2\alpha = 93°\,8'\,5'',52$

ou $\qquad\qquad\qquad 335\,285'',52.$

Donc $\quad arc\ AMD = \dfrac{4\pi}{648\,000} \times 335\,285'',52 = 6^m{,}491\,108.$

De même $\quad log\ sin\ \alpha' = \bar{1}{,}985\,9852;$ d'où $\alpha' = \begin{cases} 75°\,31'\,20'',18 \\ 104°\,28'\,39'',82; \end{cases}$

la première solution est à rejeter ; l'autre donne :

$$2\alpha' = 208°\,57'\,19'',64 \quad ou \quad 752\,239'',64.$$

Donc $\quad arc\ AND = \dfrac{3\pi}{648\,000} \times 752\,239'',64 = 10^m{,}922\,519.$

4° La surface commuue $S' =$ segment AMD $+$ segment AND.

D'abord le segment AMD $=$ secteur ABD $-$ triangle ABD ;

or $\qquad$ secteur ABD $=$ arc AMD $\times \dfrac{R}{2} = 12{,}982\,216$,

triangle ABD $= \dfrac{1}{2} R^2 \sin 2\alpha = 8 \sin 2\alpha = 7{,}988\,027$

donc, $\qquad$ segment AMD $= 4{,}994\,189$.

Enfin, le segment AND $=$ secteur ACD $+$ triangle ACD.

or $\qquad$ secteur ACD $=$ arc AND $\times \dfrac{r}{2} = 16{,}383\,778$

triangle ACD $= \dfrac{1}{2} r^2 \sin$ ACD $= 4{,}5 \sin$ ACD $= 2{,}178\,582$

donc, $\qquad$ segment AND $= 18{,}562\,360$.

Donc $\qquad S' = 23^{mq}{,}556\,549$.

PROBLÈMES SUPPLÉMENTAIRES

PROPOSÉS DANS DIVERS EXAMENS

---

316. *Trouver la graduation de l'arc dont la longueur égale le sinus de 30°.*

Soit x le nombre des degrés de cet arc. A cause de $\sin 30° = \frac{1}{2}$ on aura la proportion :

$$\frac{360°}{x°} = \frac{2\pi}{\frac{1}{2}}; \quad \text{d'où} \quad x = \frac{90°}{\pi}.$$

$$\log 90 = 1{,}954\,242\,5$$
$$\overline{\mathrm{L}\pi = \overline{1}{,}502\,850\,4}$$
$$\log x = 1{,}457\,092\,9$$
$$x = 28°{,}71 \quad \text{ou} \quad 28°42'36'',$$

317. *Calculer au moyen de la Trigonométrie l'expression* $\sqrt{2} + \sqrt{3}$.

On a $\qquad \sqrt{2} = 2\sin 45° \quad \text{et} \quad \sqrt{3} = 2\sin 60°,$

donc $\quad \sqrt{2} + \sqrt{3} = 2(\sin 45° + \sin 60°) = 4\sin\frac{105°}{2}\cos\frac{15°}{2}.$

318. *Trouver les lignes trigonométriques de l'arc de 15°.*

On peut considérer cet arc comme la différence des arcs de 45° et de 30°, ou comme la moitié de l'arc de 30°. D'ailleurs 15° étant le complément de 75°, il suffit de prendre les valeurs des lignes trigonométriques de 75°, calculées aux applications du chapitre II, 2°.

On a ainsi :

$$\sin 15° = \frac{\sqrt{6}-\sqrt{4}}{2} \quad \text{ou} \quad \frac{\sqrt{2-\sqrt{3}}}{2},$$

$$\cos 15° = \frac{\sqrt{6}+\sqrt{4}}{2} \quad \text{ou} \quad \frac{\sqrt{6+\sqrt{3}}}{2},$$

$$tg\,15° = 2-\sqrt{3}, \quad cot\,15° = 2+\sqrt{3},$$
$$séc\,15° = \sqrt{6}-\sqrt{2}, \quad coséc\,15° = \sqrt{6}+\sqrt{2}.$$

319. *Calculer* $\sin 2a$ *en fonction de* $\cos a$.

Dans $\sin 2a = 2\sin a \cos a$, substituons $\sin a = \sqrt{1-\cos^2 a}$, il vient : $\qquad \sin 2a = 2\cos a \sqrt{1-\cos^2 a}.$

320. *Exprimer* $\sin 2a$, $\cos 2a$ *et* $tg\,2a$ *en fonction de* $tg\,a$.

Dans $\sin 2a = 2\sin a \cos a$, substituons $\sin a = \dfrac{tg\,a}{\sqrt{1+tg^2 a}}$

et $\qquad \cos a = \dfrac{1}{\sqrt{1+tg^2 a}}$, il vient : $\sin 2a = \dfrac{2\,tg\,a}{1+tg^2 a}.$

De même, $\qquad \cos 2a = \cos^2 a - \sin^2 a = \dfrac{1-tg^2 a}{1+tg^2 a}.$

Enfin on a démontré (n° 27) $\quad tg\,2a = \dfrac{2\,tg\,a}{1-tg^2 a}.$

321. *Étant donné* $tg\,\dfrac{1}{2}a = \sqrt{2}-1$, *trouver* $\sin a$, $\cos a$ *et* $tg\,a$.

Les formules du problème précédent donnent en changeant a en $\dfrac{1}{2}a$:

$$\sin a = \frac{2\,tg\,\frac{1}{2}a}{1+tg^2\frac{1}{2}a} = \frac{\sqrt{2}-1}{2-\sqrt{2}} = \frac{\sqrt{2}}{2};$$

$$\cos a = \frac{1-tg^2\frac{1}{2}a}{1+tg^2\frac{1}{2}a} = \frac{\sqrt{2}-1}{2-\sqrt{2}} = \frac{\sqrt{2}}{2};$$

$$tg\,a = \frac{2\,tg\,\frac{1}{2}a}{1-tg^2\frac{1}{2}a} = 1.$$

322. *Vérifier la formule* $tg \frac{1}{2} a = \dfrac{-1 \pm \sqrt{1 + tg^2 a}}{tg\, a}$ *pour* $a = 90°$ *et pour* $a = 0°$.

1° En substituant $tg\, 90° = \infty$, il vient : $tg \frac{1}{2} a = \dfrac{\infty}{\infty}$. On lève l'indétermination en divisant préalablement les deux termes par $tg\, a$; il vient :

$$tg \frac{1}{2} a = \dfrac{-\dfrac{1}{tg\, a} \pm \sqrt{\dfrac{1}{tg^2 a} + 1}}{1}, \quad \text{et pour} \quad a = 90°, \quad tg \frac{1}{2} a = \pm 1.$$

2° En substituant $tg\, 0° = 0$, il vient : $tg \frac{1}{2} a = \dfrac{0}{0}$ et $tg \frac{1}{2} a = -\infty$. On lève l'indétermination de la 1re valeur en multipliant les deux termes par $1 + \sqrt{1 + tg^2 a}$; on obtient ensuite :

$$tg \frac{1}{2} a = \frac{0}{2} = 0.$$

323. *Vérifier les formules qui donnent les lignes trigonométriques de l'arc a en fonction de* $tg\, a$, *pour* $a = 90°$.

En substituant dans les formules (n° 20) $tg\, 90° = \infty$,

on a $\qquad sin\, a = \dfrac{\infty}{\infty}, \quad coséc\, a = \dfrac{\infty}{\infty},$

$$cos\, a = \frac{1}{\infty} = 0, \quad cotg\, a = \frac{1}{\infty} = 0, \quad séc\, a \sqrt{1 + \infty} = \infty.$$

On lève l'indétermination des deux premières en divisant préalablement les deux termes par $tg\, a$; il vient :

$$sin\, a = \dfrac{1}{\sqrt{\dfrac{1}{tg^2 a} + 1}} \quad \text{et} \quad coséc\, a = \sqrt{\dfrac{1}{tg^2 a} + 1};$$

La substitution donne :

$$sin\, 90° = 1 \quad \text{et} \quad coséc\, 90° = 1.$$

324. *Vérifier les formules suivantes :*

$$1° \quad tg \frac{1}{2} a = coséc\, a - cot\, a,$$

$$2° \quad cot\, a = coséc\, 2a + cot\, 2a;$$

$$3° \quad cot \frac{1}{2} a - tg \frac{1}{2} a = 2 cot\, a.$$

M.   4

$1°\quad \operatorname{coséc} a - \cot a = \dfrac{1}{\sin a} - \dfrac{\cos a}{\sin a} = \dfrac{1 - \cos a}{\sin a} = \dfrac{2\sin^2 \frac{1}{2} a}{2\sin \frac{1}{2} a \, \cos \frac{1}{2} a}$

$$= \dfrac{\sin \frac{1}{2} a}{\cos \frac{1}{2} a} = tg \frac{1}{2} a.$$

$2°\quad \operatorname{coséc} 2a + \cot 2a = \dfrac{1}{\sin 2a} + \dfrac{\cos 2a}{\sin 2a} = \dfrac{1 + \cos 2a}{\sin 2a} = \dfrac{2\cos^2 a}{2\sin a \cos a}$

$$= \dfrac{\cos a}{\sin a} = \cot a.$$

$3°\quad \cot \frac{1}{2} a - tg \frac{1}{2} a = \dfrac{\cos \frac{1}{2} a}{\sin \frac{1}{2} a} - \dfrac{\sin \frac{1}{2} a}{\cos \frac{1}{2} a} = \dfrac{\cos^2 \frac{1}{2} a - \sin^2 \frac{1}{2} a}{\sin \frac{1}{2} a \cos \frac{1}{a} a}$

$$= \dfrac{\cos a}{\frac{1}{2} \sin a} = \dfrac{2\cos a}{\sin a} = 2\cot g\, a.$$

325. *Vérifier que l'on a entre les 3 angles d'un triangle les relations suivantes :*

$1°\quad \sin 2A + \sin 2B + \sin 2C = 4\sin A \sin B \sin C,$

$2°\quad \sin 2A + \sin 2B - \sin 2C = 4\cos A \cos B \sin C,$

$3°\quad \cot A \cot B + \cot A \cot C + \cot B \cot C = 1.$

$1°\ \sin 2A + \sin 2B + \sin 2C = 2\sin(A+B)\cos(A-B) - 2\sin(A+B)\cos(A+B)$
$$= 2\sin(A+B)[\cos(A-B) - \cos(A+B)]$$
$$= 4\sin C \sin A \sin B.$$

$2°\quad$ On démontre de même :
$$\sin 2A + \sin 2B - \sin 2C = 4\cos A \cos B \sin C.$$

$3°\qquad -\cot C = \cot(A+B) = \dfrac{\cot A \cot B - 1}{\cot A + \cot B};$

d'où $\qquad -\cot A \cot C - \cot B \cot C = \cot A \cot B - 1,$

ou $\qquad \cot A \cot B + \cot B \cot C + \cot A \cot C = 1.$

326. *Calculer* $\sin m$ *lorsque* m *est plus petit que 10 secondes.*

On prend un arc quelconque a et l'on calcule $\sin(a+m)$.

Or $\qquad sin\,(a+m)=sin\,a\,cos\,m+sin\,m\,cos\,a.$

Posons : $sin(a+m)=p,\ sin\,a=q,\ cos\,a=r$ et $sin\,m=x.$

En remarquant que $\quad cos\,m=\sqrt{1-x^2},$

on a $\quad p=q\,\sqrt{1-x^2}+rx\,;$ d'où $\quad p-rx=q\,\sqrt{1-x^2}$

et en élevant au carré :

$$(r^2+1)x^2-2prx+p^2-q^2=0$$

équation du second degré qui donne x.

327. *Résoudre l'équation :* $sin\,x+cos\,x=a.$

Élevons au carré : $\quad sin^2x+cos^2x+2\,sin\,x\,cos\,x=a^2\,;$

ou $\quad 2\,sin\,x\,cos\,x=a^2-1\quad$ ou $\quad sin\,2x=(a+1)(a-1),$

équation qui fait connaître $2x$ et par suite x.

328. *Résoudre :* $tg^2x+cot^2x=m^2.$

Ajoutons à chaque membre $2\,tg\,x\,cot\,x\quad$ ou $\quad 2$, il vient :

$$\left(tg\,x+\frac{1}{tg\,x}\right)^2=m^2+2,\quad \text{ou}\quad \left(\frac{1+tg^2x}{tg\,x}\right)^2=m^2+2,$$

ou $\quad\left(\dfrac{cos\,x}{sin\,x\,cos^2\,x}\right)^2=m^2+2\,;\quad$ ou $\quad\left(\dfrac{2}{sin\,x\,cos\,x}\right)^2=m^2+2,$

ou enfin $$sin^2 2x=\frac{4}{2+m^2}.$$

329. *Résoudre :* $\quad\dfrac{a}{sin\,x}+\dfrac{a}{cos\,x}=b.$

On a, en chassant les dénominateurs :

$a(cos\,x+sin\,x)=b\,sin\,x\,cos\,x$ ou $2a(cos\,x+sin\,x)=2b\,sin\,x\,cos\,x$

ou $\qquad\qquad 2a(cos\,x+sin\,x)=b\,sin\,2x.$

Élevons au carré :

$4a^2(1+sin\,2x)=b^2\,sin^2 2x\,;$ d'où $b^2\,sin^2 2x-4a^2\,sin\,2x-4a^2=0,$

équation du second degré qui donne $sin\,2x$.

330. *Trouver l'arc dont la cotangente est égale au cosinus.*

Il faut résoudre : $cos\,x=tg\,x,\quad$ ou $\quad cos^2x=sin\,x,$

ou $\qquad\qquad\qquad 1-sin^2x=sin\,x,$

c'est-à-dire : $\qquad\qquad sin^2x+sin\,x-1=0\,;$

d'où $\quad sin\,x = \frac{1}{2}(-1 \pm \sqrt{5})$. La solution $\frac{1}{2}(-1-\sqrt{5})$ est à rejeter; donc $\qquad sin\,x = \dfrac{-1+\sqrt{5}}{2}$.

C'est l'arc dont le sinus égale le côté du décagone régulier inscrit.

331. *Résoudre :* $sin\,x + sin\,(a-x) = m$.

On a $\quad sin\,x + sin\,(a-x) = 2\,sin\,\frac{1}{2}a\,cos\left(x - \frac{a}{2}\right) = m$;

d'où $\qquad cos\left(x - \frac{a}{2}\right) = \dfrac{m}{2\,sin\,\frac{1}{2}a}$.

Soit α la valeur de $\quad x - \dfrac{a}{2}$;

on en tire : $\qquad x = \alpha + \dfrac{a}{2}$.

332. *Trouver le sinus et le cosinus de l'angle* x *qui satisfait à l'équation :*
$$tg\,2x = 3\,tg\,x.$$

On a $\qquad tg\,2x = \dfrac{2\,tg\,x}{1 + tg^2 x} = 3\,tg\,x$;

d'où $\ tg\,x\,(tg^2 x - 1) = 0$, équation qui se décompose en deux autres : $tg\,x = 0$, qui donne $x = 0$, $sin\,x = 0$, $cos\,x = 1$, et $\qquad tg^2 x = 1$, d'où $\ tg\,x = \pm 1$,

qui donne : $\ x = \pm 45°$, $\ sin\,x = \pm \frac{1}{2}\sqrt{2}$, $\ cos\,x = \frac{1}{2}\sqrt{2}$.

333. *Déterminer l'angle* x *tel que :*
$$tg\,x = tg\,37° - cot\,74°.$$

En général $\ tg\,x = tg\,a - cot\,b = \dfrac{sin\,a}{cos\,a} - \dfrac{cos\,b}{sin\,b}$

ou $\ tg\,x = \dfrac{sin\,a\,sin\,b - cos\,a\,cos\,b}{sin\,b\,cos\,a} = \dfrac{-cos\,(a+b)}{sin\,b\,cos\,a}$.

Donc $\qquad tg\,x = \dfrac{-cos\,111°}{sin\,74°\,cos\,37°} = \dfrac{cos\,69°}{sin\,74°\,cos\,37°}$.

$$log\,cos\,69° = \overline{1},5543292$$
$$\overline{L}\,sin\,74° = 0,0171584$$
$$\overline{L}\,cos\,37° = 0,0976514$$
$$\overline{1,6691390}. \quad x = 25°1'24'',8.$$

334. *Déterminer l'arc* x *d'après la relation :*

$$\cot^2 x - \sec^2 x = \frac{1}{4}.$$

On a
$$\cot^2 x = \frac{1}{\sec^2 x - 1} ;$$

donc
$$\frac{1}{\sec^2 x - 1} - \sec^2 x = \frac{1}{4},$$

ou
$$\sec^4 x - \frac{3}{4} \sec^2 x - \frac{5}{4} = 0 ;$$

d'où
$$\sec x = \pm \sqrt{\frac{\sqrt{3} \pm \sqrt{89}}{8}} .$$

335. *Trouver un arc positif satisfaisant à l'équation :*
$$3 \cos^2 x + 2 \sin^2 x = 2{,}75.$$

En posant $\sin^2 x = y$, on a $\cos^2 x = 1 - y^2$, l'équation proposée devient $3 - 3y^2 + 2y^2 = 2{,}75$,

ou
$$y^2 = 0{,}25 ; \quad \text{d'où} \quad y = \pm 0{,}5,$$

c'est-à-dire
$$\sin x = \frac{1}{2}, \quad \text{d'où} \quad x = 30^\circ,$$

et
$$\sin x = -\frac{1}{2}, \quad \text{d'où} \quad x = 210^\circ.$$

336. *Trouver les plus petits arcs positifs qui satisfont à l'équation :*
$$5 \sin^2 x - 2 \cos^2 x - 3 \sin x \cos x = 0.$$

Posons $\dfrac{\sin x}{\cos x} = \operatorname{tg} x = y$, d'où $\sin x = y \cos x$, il vient :

$(5y^2 - 3y - 2) \cos^2 x = 0$, qui se décompose en deux autres : $\cos^2 x = 0$, d'où $\sin x = 1$, valeur qui ne vérifie pas l'équation proposée ;

et
$$5y^2 - 3y - 2 = 0 ; \quad \text{d'où} \quad y = \operatorname{tg} x = \frac{3 \pm 7}{10},$$

ou
$$y' = \operatorname{tg} x = 1 ; \quad \text{d'où} \quad x = 45^\circ,$$

et
$$y'' = \operatorname{tg} x = -0{,}4 ; \quad \text{d'où} \quad x = 104^\circ 2' 10''.$$

337. *Trouver* x *dans l'équation :* $\dfrac{\sin (27^\circ + x)}{\sin x} = 1{,}2.$

On en tire : $\sin 27^\circ \cos x + \cos 27^\circ \sin x = 1{,}2 \sin x.$

Posons $\dfrac{\sin x}{\cos x} = tg\, x = y$, d'où $\sin x = y \cos x$, il vient :

$[y(1,2 - \cos 27°) - \sin 27°]\cos x = 0$, qui se décompose en deux autres : $\cos x = 0$, d'où $\sin x = 1$, valeur qui ne vérifie pas l'équation, et $y(1,2 - \cos 27°) = \sin 27°$;

d'où
$$y = tg\, x = \frac{\sin 27°}{1,2 - \cos 27°},$$

formule qu'il faut rendre logarithmique.

Écrivons :
$$\frac{\cos 27°}{1,2} = \sin^2 \varphi. \tag{1}$$

nous aurons
$$1,2 - \cos 27° = 1,2 \cos^2 \varphi :$$

d'où
$$tg\, x = \frac{\sin 27°}{1,2 \cos^2 \varphi}. \tag{2}$$

La résolution de l'équation (1) donne $\varphi = 75° \, 12' \, 5''$; celle de l'équation (2) donne $x = 80° \, 12' \, 44'',2$.

338. *Maximum de* $\sin x \cos x$.

Posons $\sin x \cos x = m$, d'où $\sin^2 x \cos^2 x = m^2$; or $\sin^2 x + \cos^2 x = 1$, donc le maximum a lieu pour

$$\sin x = \cos x = \frac{1}{2}\sqrt{2}\,.$$

Autre solution. Posons $\sin x = y$, d'où $\cos x = \sqrt{1 - y^2}$; il faut chercher le maximum de $y\sqrt{1 - y^2}$ ou celui de son carré $y^2\sqrt{(1 - y^2)}$, produit de deux facteurs dont la somme est constante.

Donc
$$y^2 = (1 - y^2); \quad \text{d'où} \quad y = \frac{1}{2}\sqrt{2},$$

et
$$x = 45°$$

339. *Maximum ou minimum de* $\dfrac{1 + \sin x}{\sin x\,(1 - \sin x)}$.

Posons $\sin x = y$; nous aurons $\dfrac{1 + y}{y(1 - y)} = m$;

d'où
$$my^2 - (m - 1)y + 1 = 0,$$

qui donne
$$y = \frac{m - 1 \pm \sqrt{m^2 - 6m + 1}}{2m}.$$

En résolvant $m^2 - 6m + 1 = 0$, on a $m = 3 \pm 2\sqrt{2}$; la plus petite racine est un maximum, et la plus grande un minimum ;

cette dernière donne $y = \dfrac{1+\sqrt{2}}{3+2\sqrt{2}}$, valeur comprise entre 0 et 1,

et par conséquent admissible; l'autre racine donne $y = \dfrac{1-\sqrt{2}}{3-2\sqrt{2}}$,

valeur inférieure à -1, et par suite inadmissible.

L'expression proposée a donc un minimum qui correspond à

$$\sin x = \frac{1+\sqrt{2}}{3+2\sqrt{2}} = \sqrt{2}-1 ;$$

d'où
$$x = 24° \, 28'.$$

340. *Maximum de* $\quad \sin + \cos x.$

$\sin x + \cos x = \sin x + \sin(90° - x) = 2 \sin 45° \cos(45° - x).$

Le maximum aura lieu pour la plus grande valeur de $\cos(45° - x)$, seul facteur variable ; ce maximum est 1 pour l'arc de $0°$; donc $45° - x = 0$ ou $x = 45°$.

Dans ce cas, $\sin x = \cos x = \dfrac{1}{2}\sqrt{2}$; donc le maximum de

$$\sin x + \cos x = \sqrt{2}.$$

341. *Étant donné* $x + y = a$, *quantité constante, trouver le maximum de* $\sin x \sin y$ *et de* $\cos x \cos y$.

1°
$$\sin x \sin y = \frac{1}{2}[\cos(x-y) - \cos(x+y)]$$

2°
$$\cos x \cos y = \frac{1}{2}[\cos(x+y) + \cos(x-y)] ;$$

or dans ces deux cas $\cos(x+y)$ est constant, donc le maximum aura lieu pour la plus grande valeur de $\cos(x-y)$; cette valeur est 1 pour $\cos(x-y) = 0$,

d'où
$$x - y = 0 \quad \text{ou} \quad x = y.$$

342. *Maximum du produit* $(5 - \sin x)(2 + \sin x)$.

La somme des facteurs est constante, mais on ne peut pas rendre ces facteurs égaux. Le maximum répond à la différence minimum des facteurs ou de $3 - 2\sin x$; valeur qui est la plus petite possible quand $\sin x = 1$, d'où $x = \dfrac{\pi}{2}$. Le maximum est 12.

343. *De tous les triangles qui ont même base et même angle au sommet, quel est celui dont la surface est maximum ?*

La surface est donnée par la formule :

$$S = \frac{1}{2} a^2 \frac{sin\ B\ sin\ C}{sin\ A}.$$

Le maximum ne dépend que du produit $sin\ B\ sin\ C$; mais $B + C = 180° - A = $ valeur constante; donc le maximum a lieu pour $B = C$, c'est-à-dire pour le triangle *isocèle*.

344. *Trouver le rectangle maximum inscrit dans un secteur circulaire de rayon* R.

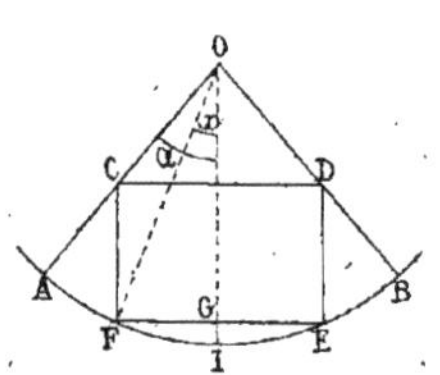

Soit AOI $= \alpha$ et FOI $= x$.

Il faut chercher le maximum de $CF \times FE$, ou simplement de $CF \times FG$.

Or $FG = R\ sin\ x$, et à cause de ACF $= \alpha$, $sin\ OCF = sin\ \alpha$; donc $CF = \dfrac{R\ sin\ (\alpha - x)}{sin\ \alpha}$.

Par suite, $CF \times FG = \dfrac{R^2\ sin\ x\ sin\ (\alpha - x)}{sin\ \alpha}$.

Le maximum dépend de $sin\ x\ sin\ (\alpha - x)$, produit de deux facteurs dont la somme est constante. Donc le maximum a lieu pour $x = \alpha - x$ ou $x = \dfrac{\alpha}{2}$; le point F doit être le milieu de AI.

345. *Des relations* $\dfrac{a}{sin\ A} = \dfrac{b}{sin\ B} = \dfrac{c}{sin\ C}$, *déduire les relations :* $a = b\ cos\ C + c\ cos\ B$ *et* $a^2 = b^2 + c^2 - 2bc\ cos\ A$, *écrites pour les trois côtés d'un triangle.*

1° On a $sin\ A = sin\ (B + C) = sin\ B\ cos\ C + sin\ C\ cos\ B$;

or $sin\ B = \dfrac{b\ sin\ A}{a}$ et $sin\ C = \dfrac{c\ sin\ A}{a}$; en substituant ces valeurs il vient : $sin\ A = \dfrac{b}{a}\ sin\ A\ cos\ C + \dfrac{c}{a}\ sin\ A\ cos\ B$,

ou $a = b\ cos\ C + c\ cos\ B.$

2° La relation $a = b\ cos\ C + c\ cos\ B$, peut s'écrire :

$$a^2 = ab\ cos\ C + ac\ cos\ B \qquad (1)$$

de même, on a : $b^2 = ab\ cos\ C + bc\ cos\ A \qquad (2)$

et $c^2 = ac\ cos\ B + bc\ cos\ A \qquad (3)$

En retranchant chaque équation de la somme des deux autres,
il vient :

$$a^2 = b^2 + c^2 - 2bc \cos A,$$
$$b^2 = a^2 + c^2 - 2ac \cos B,$$
$$c^2 = a^2 + b^2 - 2ab \cos C.$$

346. *Réciproquement, des relations* $a^2 = b^2 + c^2 - 2bc \cos A$, *écrites pour les trois côtés d'un triangle, déduire :*

$$a = c \cos B + b \cos C, \text{ etc., et } \quad \frac{a}{\sin A} = \frac{b}{\sin B} = \frac{c}{\sin C}.$$

1° Si l'on ajoute deux à deux les relations données, on obtient :

$$a = b \cos C + c \cos B \qquad (1)$$
$$b = a \cos C + c \cos A \qquad (2)$$
$$c = b \cos A + a \cos B \qquad (3)$$

2° Substituons dans la relation (3) la valeur de b prise dans
la relation (2), nous aurons :

$$c = c \cos^2 A + a(\cos A \cos C + \cos B);$$

or $\qquad\qquad B = 180° - (A + C),$

donc $\quad \cos B = - \cos(A + C) = \sin A \sin C - \cos A \cos C.$

Cette valeur substituée dans la relation précédente donne :

$$c(1 - \cos^2 A) = \sin A \sin C, \quad \text{ou} \quad c \sin^2 A = a \sin A \sin C,$$

ou $\qquad c \sin A = a \sin C, \quad \text{ou enfin} \quad \dfrac{a}{\sin A} = \dfrac{c}{\sin C}.$

En mettant la valeur (3) de c dans (2), on aurait de même :

$$\frac{a}{\sin A} = \frac{b}{\sin B}, \quad \text{donc} \quad \frac{a}{\sin A} = \frac{b}{\sin B} = \frac{c}{\sin C}.$$

347. *Trouver la surface d'un triangle dont on connaît les
deux côtés a et b et l'angle A opposé à l'un d'eux.*

Dans la formule $S = \dfrac{1}{2} bc \sin A$ il suffit de remplacer c par
sa valeur tirée de $a^2 = b^2 + c^2 - 2bc \cos A$. En ordonnant, cette
formule devient $c^2 - 2bc \cos A \cdot c + b^2 - a^2 = 0$;

d'où $c = b \cos A \pm \sqrt{b^2 \cos^2 A - b^2 + a^2} = b \cos A \pm \sqrt{a^2 - b^2(1 - \cos^2 A)}$;

on a donc $S = \dfrac{1}{2} b \sin A \left(b \cos A \pm \sqrt{a^2 - b^2 \sin^2 A} \right).$

M. $\hfill 4^{**}$

On prendra le radical avec le signe $+$ s'il n'y a qu'une solution. La formule a l'inconvénient de n'être pas logarithmique.

348. *Discuter la formule* $a^2 = b^2 + c^2 - 2bc \cos A$ *pour en déduire les conditions dans lesquelles le deuxième cas des triangles admettra une, deux ou zéro solutions.* (C'est le cas où l'on donne a, b et A.)

La formule s'écrit $c^2 - 2b \cos A \cdot c + (b^2 - a^2) = 0$. Il y a trois cas à distinguer :

1° $a > b$. — Le dernier terme de l'équation est négatif, donc les racines sont réelles et de signes contraires; la racine négative est à rejeter, mais il y a toujours *une solution et une seule*;

2° $a = b$. — Le dernier terme est nul, donc l'une des racines égale 0 et l'autre est $2b \cos A$; elle n'est admissible que si A est aigu;

3° $a < b$. — Pour que les racines soient réelles, il faut que l'on ait $b^2 \cos^2 A - (b^2 - a^2) > 0$, ou $b^2(1 - \cos^2 A) - a^2 < 0$, ou enfin $b \sin A < a$. Si cette condition est remplie, l'équation a ses deux racines positives et le problème a *deux solutions*. Si $b \sin A = a$, l'équation aura ses racines égales, et il n'y aura plus qu'*une solution*. Enfin, si A était obtus, les deux racines seraient négatives, et le problème *impossible*.

349. *Trouver la surface d'un triangle isocèle dont on connaît la base a et les angles adjacents égaux B et C, ou les deux côtés égaux et l'angle compris.*

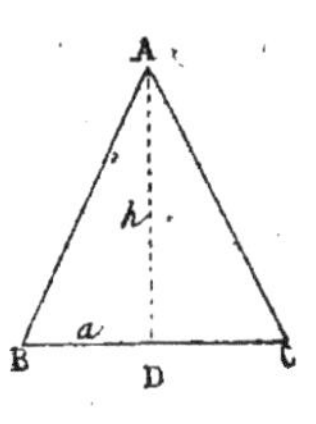

La surface du triangle est double de ADB; or *surf.* $\text{ADB} = \frac{1}{4} ah$, et à cause de $h = \frac{1}{2} a\, tg\, B$,

surf. $\text{ADB} = \frac{1}{8} a^2\, tg\, B$; donc $\text{S} = \frac{1}{4} a^2\, tg\, B$.

On peut encore déduire cette formule de la relation : $\text{S} = \frac{1}{2} a^2 \dfrac{sin\, B\, sin\, C}{sin(B+C)}$, car si $B = C$,

on a $\text{S} = \frac{1}{2} a^2 \dfrac{sin^2\, B}{sin\, 2B} = \dfrac{a^2 sin^2\, B}{4 sin\, B\, cos\, B} = \dfrac{a^2 sin\, B}{4 cos\, B} = \dfrac{a^2}{4}\, tg\, B$.

Dans le deuxième cas, on a $b = c$; la formule $\text{S} = \frac{1}{2} bc\, sin\, A$

devient $\text{S} = \frac{1}{2} b^2\, sin\, A$.

Si $a=b=c$, on a $A=60°$, et par suite, $S=\dfrac{a^2}{4}\sqrt{3}$.

350. *Par un point D pris sur un côté AC d'un triangle, mener une transversale DE qui divise le triangle en deux parties équivalentes.* (On déterminera $AE=x$.)

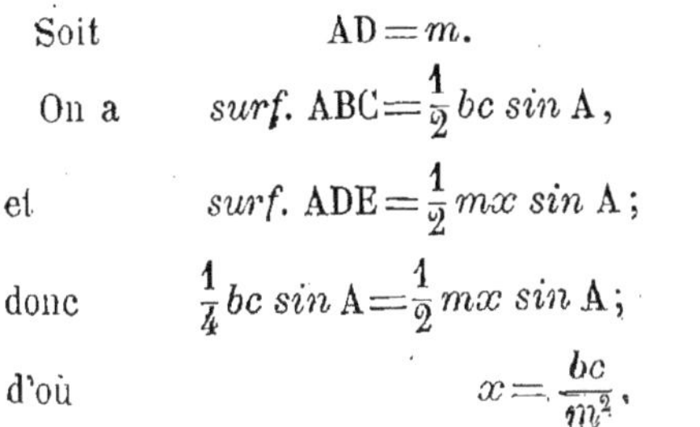

Soit $\qquad\qquad AD=m.$

On a $\qquad surf. \; ABC=\dfrac{1}{2}\,bc\,sin\,A,$

et $\qquad\qquad surf. \; ADE=\dfrac{1}{2}\,mx\,sin\,A;$

donc $\qquad \dfrac{1}{4}\,bc\,sin\,A=\dfrac{1}{2}\,mx\,sin\,A;$

d'où $\qquad\qquad\qquad x=\dfrac{bc}{m^2}.$

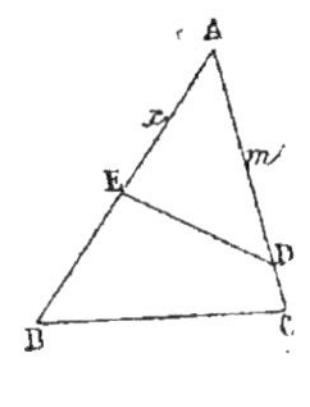

351. *Calculer les trois hauteurs d'un triangle en fonction des trois côtés.*

Soient a, b, c les trois côtés et h, h', h'' les hauteurs correspondantes.

On a $\qquad ah=2S=2\sqrt{p(p-a)(p-b)(p-c)};$

d'où $\qquad\qquad h=\dfrac{2}{a}\sqrt{p(p-a)(p-b)(p-c)}.$

De même, $\quad bh'=2S;\quad$ d'où $\quad h'=\dfrac{2}{b}\sqrt{p(p-a)(p-b)(p-c)},$

$\qquad\qquad ch''=2S;\quad$ d'où $\quad h''=\dfrac{2}{c}\sqrt{p(p-a)(p-b)(p-c)}.$

352. *Dans un triangle, on connaît un côté c et les angles adjacents A et B; calculer la bissectrice de l'angle A et le segment adjacent à AB.*

On a $\qquad \dfrac{AD}{sin\,B}=\dfrac{c}{sin\,\left(B+\frac{1}{2}A\right)};$

d'où $\qquad\qquad AD=\dfrac{c\,sin\,B}{sin\,\left(B+\frac{1}{2}A\right)};$

$\qquad\qquad \dfrac{BD}{sin\,\frac{1}{2}A}=\dfrac{c}{sin\,\left(B+\frac{1}{2}A\right)};$

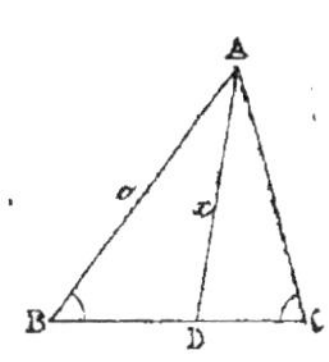

d'où
$$BD = \frac{c \, sin \, \frac{1}{2}A}{sin \, (B + \frac{1}{2}A)}.$$

353. *Étant donnés les trois côtés d'un triangle, calculer la bissectrice de l'un des angles.*

(*Figure du problème précédent.*)

On a
$$\frac{x}{BD} = \frac{sin \, B}{sin \, \frac{1}{2}A} ; \quad \text{d'où} \quad x \, sin \, \frac{1}{2}A = BD \, sin \, B.$$

Mais $\dfrac{BD}{DC} = \dfrac{c}{b}$; d'où $\dfrac{BD}{a} = \dfrac{c}{c + b}$; donc $BD = \dfrac{ac}{c + b}$, et par suite
$$x = \frac{ac}{b + c} \cdot \frac{sin \, B}{sin \, \frac{1}{2}A}.$$

Si l'on remplace $sin \, B$ et $sin \, \frac{1}{2}A$ par leurs valeurs en fonction des côtés, il vient :
$$x = \frac{2}{b + c} \sqrt{p(p - a)bc}.$$

Dans le cas de $a = b = c$, on a $x = \dfrac{a}{2}\sqrt{3}$.

Autre solution. On a $AB \times AC = BD \times DC + x^2$,

ou $bc = BD \times DC + x^2$. Or $BD + DC = a$, $\dfrac{BD}{DC} = \dfrac{c}{b}$;

donc $\dfrac{BD}{a} = \dfrac{c}{b + c}$; ou $BD = \dfrac{ac}{b + c}$; $\dfrac{DC}{a} = \dfrac{b}{b + c}$,

ou $DC = \dfrac{ab}{b + c}$; par suite $BD \times DC = \dfrac{a^2bc}{(b + c)^2}$;

d'où
$$x^2 = bc \left[1 - \frac{a^2}{(b + c)^2} \right].$$

354. *Résoudre un triangle rectangle, connaissant 1° les rayons r et R des cercles inscrit et circonscrit ; 2° le rayon r et un angle B ou le rapport $\dfrac{b}{c}$ des côtés de l'angle droit.*

1° Dans la formule $r=(p-a)\ tg\ \frac{1}{2}A$, on a $\frac{1}{2}A=45°$, donc $r=p-a$, ou $2r=b+c-a$, et comme $a=2R$, la relation précédente donne $b+c=2r+2R$. Ainsi, on connaît a et $b+c$, c'est le cas du problème 170 ;

2° Si l'on donne B, on connaît aussi $C=90°-B$.

Si l'on donne $\frac{b}{c}$ on a $tg\ B=\frac{b}{c}$, et par suite B et C.

Les relations $r=(p-a)=(p-b)\ tg\ \frac{1}{2}B=(p-c)\ tg\ \frac{1}{2}C$ donnent $p-a$, $p-b$ et $p-c$, et, par suite, leur somme p.

Connaissant p, on calcule $a=p-(p-a)$, $b=p-(p-b)$ et $c=p-(p-c)$.

355. *Résoudre un triangle, connaissant l'angle au sommet A, sa bissectrice AI et la hauteur AD.*

Dans le triangle rectangle ADI, on connaît l'hypoténuse et un côté de l'angle droit, on peut calculer l'angle I. Dans le triangle AIC, on connaît AI et les deux angles adjacents I et $\frac{1}{2}A$, ce qui permet de calculer C et AC. Enfin, dans le triangle donné ABC, ayant un côté AC et les deux angles adjacents, on peut déterminer les éléments inconnus.

356. *Résoudre un triangle, connaissant le périmètre 2p, un angle A et le rayon R du cercle circonscrit; ou connaissant R, a et B.*

1° La relation $\frac{a}{sin\ A}=2R$ fait connaître a, et l'on a à résoudre un triangle, connaissant a, A et $b+c$. (*Applications du chapitre IV*, 3°, page 72.)

2° La relation $\frac{a}{sin\ A}=2R$ fait connaître A, et l'on a à résoudre un triangle, connaissant a, B et A; c'est le premier cas.

357. *Résoudre un triangle, connaissant un côté a, le rayon r du cercle inscrit et la somme b+c ou la différence b—c des deux autres côtés.*

1° On connaît p et $p-a$, on calcule A par la relation $r=(p-a)\,tg\,\frac{1}{2}A$.

2° On a $a+(b-c)=2(p-c)$ ou $a-(b-c)=a+c-b=2(p-b)$; donc les relations $r=(p-b)\,tg\,\frac{1}{2}B$ et $r=(p-c)\,tg\,\frac{1}{2}C$ feront connaître l'angle B ou l'angle C, et l'on sera ramené à un cas déjà traité. (*Application du chapitre IV*, 4°, page 73.)

358. *Résoudre un triangle, connaissant la surface* S, *le périmètre* 2p, *et un angle* A.

De la formule $S=pr$, on déduit $r=\dfrac{S}{p}$; la relation $r=(p-a)\,tg\,\dfrac{1}{2}A$ fait ensuite connaître $p-a$, et par conséquent $a=p-(p-a)$ et $b+c=2p-a$. Enfin, de la formule $S=\dfrac{1}{2}\,bc\,sin\,A$, on déduit bc. On a donc bc et $b+c$, on en conclut b et c par une équation du second degré.

359. *Résoudre un triangle, connaissant la base* a, *l'angle au sommet* A *et la hauteur* h.

La relation $S=\dfrac{1}{2}\,ah=\dfrac{1}{2}\,bc\,sin\,A$ donne $bc=\dfrac{ah}{sin\,A}$. D'ailleurs $a^2=b^2+c^2-2bc\,cos\,A=(b+c)^2-2bc\,(1+cos\,A)$, et comme

$$2bc\,(1+cos\,A)=\frac{4ah\,cos^2\frac{1}{2}A}{sin\,A}=\frac{4ah\,cos^2\frac{1}{2}A}{2\,sin\frac{1}{2}A\,cos\frac{1}{2}A}=2ah\,cot\,\frac{1}{2}A,$$

on a $$a^2=(b+c)^2-2ah\,cot\,\frac{1}{2}A\,;$$

d'où $$(b+c)^2=a^2+2ah\,cot\,\frac{1}{2}A=a^2\left(1+\frac{2h}{a}\,cot\,\frac{1}{2}A\right).$$

Posons $\dfrac{2h}{a}\,cot\,\dfrac{1}{2}A=tg^2\,\varphi$, nous pourrons calculer φ, et nous aurons $$(b+c)^2=a^2\,(1+tg^2\,\varphi)=a^2\,séc^2\,\varphi=\frac{a^2}{cos^2\,\varphi}\,;$$

donc $$b+c=\frac{a}{cos\,\varphi}.$$

On connaît bc et $b+c$, on en conclut b et c par une équation du deuxième degré.

360. *Résoudre un triangle, connaissant deux côtés* b *et* c *et la bissectrice de l'angle* A *compris.*

Les triangles ABD et AIC sont semblables comme ayant les angles en A égaux, et $B=I$,

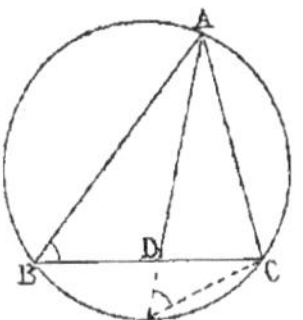

donc $\dfrac{AB}{AI}=\dfrac{AD}{AC}$, ou $\dfrac{c}{AI}=\dfrac{AD}{b}$; d'où $AI=\dfrac{bc}{AD}$;

on en conclut $DI=AI-AD$.

Mais $\qquad AD\times DI=BD\times DC$,

et d'autre part $\dfrac{BD}{DC}=\dfrac{c}{b}$; on peut donc calculer

BD et BC dont on a le produit et le quotient ; leur somme donne a, et, par suite, on peut calculer les trois angles.

361. *Calculer l'angle dièdre du tétraèdre régulier.*

Soit α l'angle du dièdre et a l'arête.

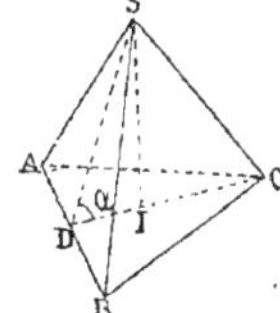

$$Cos\,\alpha=\frac{DI}{DS};\quad \text{or } DI=\frac{1}{3}DC=\frac{1}{3}a\,cos\,30°;$$

$$DS=a\,cos\,30°;$$

$$\text{donc } cos\,\alpha=\frac{a\,cos\,30°}{3a\,cos\,30°}=\frac{1}{3};\quad \alpha=70°\,31'\,43'',5.$$

362. *D'un point* M *de la circonférence circonscrite à un triangle équilatéral de côté* a, *on mène des cordes aux trois sommets ; l'une de ces cordes étant connue, par exemple* AM=m, *trouver les longueurs des deux autres?*

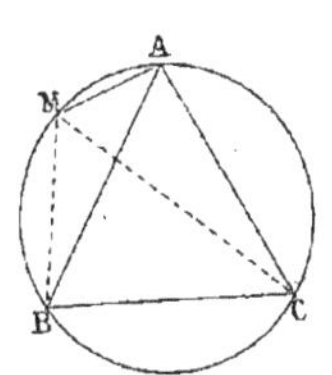

Le rayon du cercle est $R=\dfrac{a}{\sqrt{3}}=\dfrac{a}{3}\sqrt{3}$, l'angle $AMB=120°$, $sin\,ABM=\dfrac{3m}{2a\sqrt{3}}$, ce qui permet, dans le triangle AMB, de calculer BM.

Enfin $CM=AM+BM$; car, en posant arc $AM=2x$, il suffit de montrer que

$$\frac{1}{2}CM=\frac{1}{2}AM+\frac{1}{2}BM \text{ ou } sin\,(60°+x)=sin\,x+sin\,(60°-x);$$

or en développant il vient : $2 \sin x \cos 60° = \sin x$, ou $\sin x = \sin x$, identité. (Voir *Géométrie*, Exercices sur le 3e livre, probl. 21.)

363. *Trouver la surface d'un polygone irrégulier circonscrit à un cercle de rayon* R, *connaissant les angles* A, B, C...., *de ce polygone.*

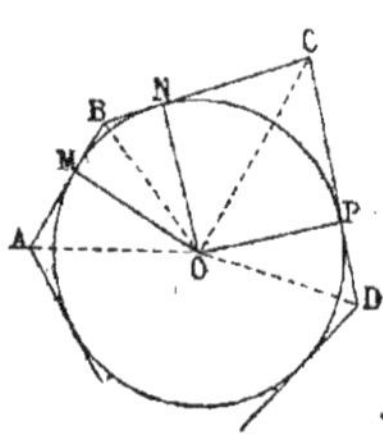

A cause des tangentes égales $BM = BN$, $CN = CP...$, $S = 2 (AOM + BON + COP + ...)$;

or $$AOM = \frac{R}{2} \times AM = \frac{R^2}{2} \cot \frac{1}{2} A,$$

de même $$BON = \frac{R^2}{2} \cot \frac{1}{2} B, \quad \text{etc.};$$

donc $$S = R^2 \left(\cot \frac{1}{2} A + \cot \frac{1}{2} B + \cot \frac{1}{2} C + ... \right)$$

364. *On donne une circonférence de rayon* R *et deux rayons rectangulaires* OA *et* OB; *on inscrit un cercle dans le secteur* OAMB *et l'on mène la tangente* CD *commune en* M. *Exprimer :* 1° *la grandeur des trois côtés du triangle* OCD; 2° *celle du rayon du cercle inscrit en fonction du rayon donné* R.

1° CD côté du carré circonscrit au cercle de rayon R $= 2R$, et $OC = OD = R\sqrt{2}$.

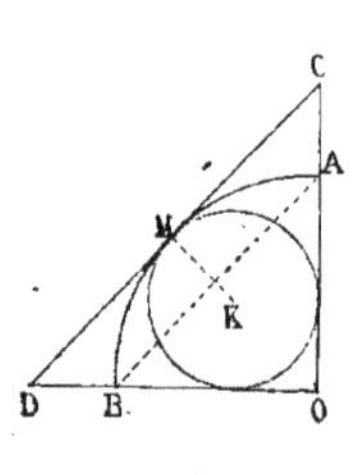

2° Dans le triangle MCK on a $r = MC \, tg \, MCK$ ou $r = R \, tg \, \frac{1}{2} C$. Or dans le triangle DOC on

a $tg \frac{1}{2} C = \sqrt{\dfrac{(p-a)(p-b)}{p(p-c)}}$ et $p = R(1 + \sqrt{2})$,

$p - a = R$, $\quad p - b = R(\sqrt{2} - 1)$, $\quad p - c = R$;

d'où $$tg \frac{1}{2} C = \sqrt{2} - 1;$$

donc $$r = R(\sqrt{2} - 1).$$

365. *On donne un cercle de rayon* $OM = R$; *on mène en un point* B *une tangente* BK, *et l'on abaisse la perpendiculaire* BC *sur* OM, *puis on fait tourner la figure autour de ce rayon* OM *prolongé. Quelle valeur faut-il donner à l'angle* $KOB = x$ *pour que la surface latérale du cône décrit*

par BK *soit à la surface de la zone que décrit* BM *dans le*
rapport $\dfrac{m}{n}$:

On a BK$=$R $tg\,x$, CM$=$R $(1-\cos x)$, BC$=$R $\sin x$.

La surface du cône est πR$^2 \sin x\, tg\,x$, celle de
la zone est 2πR$^2(1-\cos x)$,

donc $\dfrac{\sin x\, tg\,x}{2(1-\cos x)}=\dfrac{m}{n}$ ou $\dfrac{\sin^2 x}{4\sin^2\frac{1}{2}x\cos x}=\dfrac{m}{n}$,

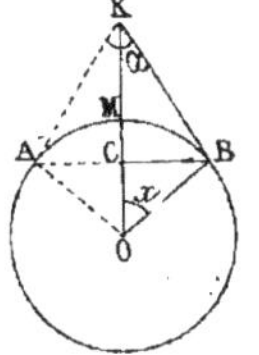

ou $\dfrac{4\sin^2\frac{1}{2}x\cos\frac{1}{2}x}{4\sin^2\frac{1}{2}x\,(\cos^2\frac{1}{2}x-\sin^2\frac{1}{2}x)}=\dfrac{m}{n}$

ou $\dfrac{1}{1-tg^2\frac{1}{2}x}=\dfrac{m}{n}$;

donc $tg^2\dfrac{1}{2}x=\dfrac{m-n}{n}$ et $tg\dfrac{1}{2}x=\sqrt{\dfrac{m-n}{n}}$.

366. *On donne un cercle de rayon* R *(figure précédente);*
par un point extérieur K, *on mène deux tangentes* AK *et* BK
formant un angle $\alpha=60°$. *On demande de calculer la sur-*
face AMBK *comprise entre les tangentes et le cercle.*

Si $\alpha=60°$, AOB$=120°$.

La surface AMBK$=2$ triangles KOB$-$secteur AOB.

Or KOB$=\dfrac{R\times BK}{2}=R\times\dfrac{1}{2}R\,tg\,60°=\dfrac{R^2}{2\sqrt{3}}$. Secteur AOB$=\dfrac{\pi R^2}{3}$,

donc $S=R^2\left(\dfrac{1}{\sqrt{3}}-\dfrac{\pi}{3}\right)$.

367. *Trouver l'aire d'une zone, connaissant le rayon* R *de*
la sphère, l'angle α *des rayons menés aux extrémités de*
l'arc générateur de la zone et l'angle ϵ *que forme l'un de ses*
rayons avec l'axe. Trouver le volume du secteur sphérique
engendré par MON.

$$S=\pi Rh.$$

Or $h=On-Om$, de plus $On=R\cos\epsilon$

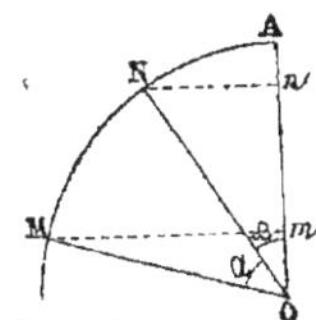

et $Om=R\cos(\alpha+\epsilon)$;

donc $S=2\pi R^2[\cos\epsilon-\cos(\alpha+\epsilon)]$

ou $S=4\pi R^2\sin\dfrac{1}{2}\alpha\sin(\epsilon+\dfrac{1}{2}\alpha)$.

Si   1° $\varepsilon=0°$ et $\alpha<90°$, $S=2\pi R^2(1-\cos\alpha)=4\pi R^2\sin^2\frac{1}{2}\alpha$.

      2° $\alpha=90°$, $S=2\pi R^2$.

      3° $\varepsilon=0°$ et $\alpha=180°$, $S=4\pi R^2$.

Le volume du secteur sphérique $V=\frac{2}{3}\pi R^3\left[\cos\varepsilon-\cos(\alpha+\varepsilon)\right]$

ou $V=\frac{4}{3}\pi R^3\sin\frac{1}{2}\alpha\sin(\varepsilon+\frac{1}{2}\alpha)$.

Application : $R=489^{m}$, $\alpha=58°19'43''$ et $\varepsilon=19°47'$.

$$\log 4=0,602\,060\,0$$
$$\log \pi=0,497\,149\,9$$
$$2\log R=5,378\,617\,8$$
$$\log\sin\frac{1}{2}\alpha=\overline{1},687\,810\,5$$
$$\log\sin(\varepsilon+\frac{1}{2}\alpha)=\overline{1},877\,434\,6$$
$$\overline{}$$
$$6,043\,072\,8$$
$$S=1\,104\,264^{mq}.$$

368. *Calculer le côté du polygone régulier de* n *côtés inscrit dans le cercle trigonométrique, et le côté du polygone circonscrit semblable.*

1° Soient a le côté du polygone inscrit et x l'angle au centre.

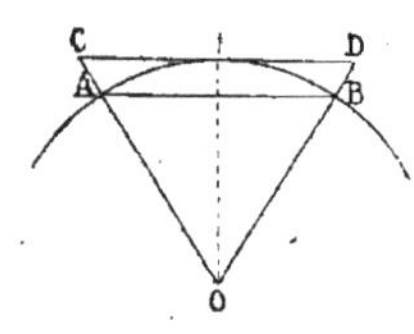

On a $a=2\sin\frac{x}{2}$;

or $nx=360°$, donc $\frac{x}{2}=\frac{180°}{n}$;

d'où : $a=2\sin\frac{180°}{n}$.

En faisant successivement $n=3,\ 4,\ 5,\ 6...,$
on a,   pour $n=3,\ a=2\sin 60°=\sqrt{3}$,
                    $n=4,\ a=2\sin 45°=\sqrt{2}$,
                    $n=5,\ a=2\sin 36°=\frac{1}{2}\sqrt{10-2\sqrt{5}}$,
                    $n=6,\ a=2\sin 30°=1$.

. . . .

2° Soit b le côté du polygone circonscrit, on a

$$b = 2\,tg\,\frac{x}{2}; \quad \text{or} \quad sin\,\frac{x}{2} = \frac{a}{2}, \quad \text{d'où} \quad cos\,\frac{x}{2} = \sqrt{1 - \frac{a^2}{4}} = \frac{1}{2}\sqrt{4 - a^2}.$$

Donc
$$b = \frac{2a}{\sqrt{4 - a^2}}.$$

369. *Calculer la surface du polygone régulier de* n *côtés,* 1° *inscrit dans un cercle de rayon* R, *et* 2° *circonscrit au même cercle.*

(*Figure précédente.*)

1° Surface
$$\mathrm{AOB} = \frac{1}{2}\mathrm{R}^2 sin\,\mathrm{O}.$$

Or
$$\mathrm{O} = \frac{360^0}{n}, \quad \text{et} \quad \mathrm{S} = n.\mathrm{AOB};$$

donc
$$\mathrm{S} = \frac{1}{2}n\mathrm{R}^2 sin\,\frac{2\pi}{n}.$$

En fonction du côté a, on aurait $\mathrm{S} = \frac{1}{4}n a^2 cot\,\frac{\pi}{n}$.

2° Surface $\mathrm{COD} = \mathrm{R}^2\,tg\,\frac{1}{2}\mathrm{O} = \mathrm{R}^2\,tg\,\frac{\pi}{n}$;

donc
$$\mathrm{S}' = n\mathrm{R}^2\,tg\,\frac{\pi}{n}.$$

APPLICATION : *Calculer la surface du pentédécagone régulier inscrit dans un cercle de rayon* R = 548^{m},764.

On a $\mathrm{O} = 24^0$, donc $\mathrm{S} = \dfrac{15\,\mathrm{R}^2 sin\,24^0}{2}$.

$$log\,15 = 1{,}176\,091\,3$$
$$2\,log\,\mathrm{R} = 5{,}478\,771\,4$$
$$log\,sin\,24^0 = \overline{1}{,}609\,313\,3$$
$$\overline{\mathrm{L}\,2} = \overline{1}{,}698\,970\,0$$
$$\overline{\phantom{5{,}963\,146\,0}}$$
$$5{,}963\,146\,0$$
$$\mathrm{S} = 918\,640^{\mathrm{mq}},8.$$

370. *Trouver le rayon du cercle dans lequel :* 1° *les aires des pentédécagones inscrit et circonscrit diffèrent de* 248^{m}; 2° *les périmètres des pentagones inscrit et circonscrit diffèrent de* 1 *décimètre, et* 3° *les surfaces des mêmes pentagones diffèrent de* 1 *décimètre carré.*

1° Les formules du problème précédent donnent :

$$S = \frac{15\,R^2 \sin 24°}{2}, \quad S' = 15\,R^2 \, tg\, 12°;$$

d'où
$$S' - S = \frac{15}{2} R^2 (2\, tg\, 12° - \sin 24°).$$

Posons $12° = a$, la parenthèse sera $2\, tg\, a - \sin 2a$
ou $2\, tg\, a - 2 \sin a \cos a$, ou, en remplaçant $\sin a$ par $tg\, a \cos a$,
$$2\, tg\, a - 2\, tg\, a \cos^2 a = 2\, tg\, a\,(1 - \cos^2 a) = 2\, tg\, a \sin^2 a.$$

Donc
$$S' - S = 15\, R^2\, tg\, 12° \sin^2 12° = 248;$$

d'où
$$R = \sqrt{\frac{248}{15\, tg\, 12° \sin^2 12°}} = 42^m,4682.$$

2° On a $\quad AB = 2R \sin 36°, \quad CD = 2R\, tg\, 36°.$
Donc la différence des périmètres sera $5 \times 2R\,(tg\, 36° - \sin 36°)$,
et l'on aura : $\quad 10\,R\,(tg\, 36° - \sin 36°) = 1;$

d'où $\quad R = \dfrac{1}{10\, tg\, 36° - \sin 36°},\quad$ ou en répétant l'opération qui

précède $\quad R = \dfrac{1}{20\, tg\, 36° \sin^2 18°} = 0^{dec},720682.$

3°
$$S' - S = 5\,R^2\, tg\, 36° \sin^2 36 = 1;$$

d'où
$$R = \sqrt{\frac{1}{5\, tg\, 36° \sin^2 36°}} = 0^{dec},592619.$$

FIN

LE
COURS ÉLÉMENTAIRE DE MATHÉMATIQUES

COMPREND LES OUVRAGES SUIVANTS :

Éléments d'Arithmétique.
—   d'Algèbre.
—   de Géométrie.
—   de Trigonométrie.
—   d'Arpentage et de Nivellement.
—   de Géométrie descriptive.

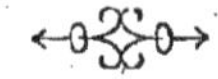

3607. — Tours, impr. Mame.